LUMINAIRE

光启

守望思想　逐光启航

人与环境

东北博弈

环境与地缘政治 1910—1911

[美]威廉·萨默斯 著
王进 译

THE GREAT MANCHURIAN PLAGUE OF 1910-1911

The Geopolitics of an Epidemic Disease

上海人民出版社
LUMINAIRE BOOKS 光启书局

奉天万国鼠疫研究会各国代表合影，摄于大会开幕。图片来自理查德·P. 斯特朗（Richard P. Strong）编著：《奉天国际鼠疫大会报告》(*Report of the International Plague Conference Held at Mukden, April 1911*)，马尼拉：印刷局，1912 年

奉天万国鼠疫研究会与会者合影，包括各国代表、中国官员、外交团体成员和其他出席者，摄于大会开幕（理查德·P. 斯特朗编著：《奉天国际鼠疫大会报告》）

奉天万国鼠疫研究会各国代表合影，摄于大会闭幕（理查德·P. 斯特朗编著：《奉天国际鼠疫大会报告》）

参与防疫的医官合影（《哈尔滨傅家甸防疫摄影》，上海：商务印书馆，1911 年）

设立在傅家甸的消毒所（《哈尔滨傅家甸防疫摄影》）

哈尔滨的第一防疫疑似病院（《哈尔滨傅家甸防疫摄影》）

伍连德工作场景（《哈尔滨傅家甸防疫摄影》）

REPORT OF THE INTER-
NATIONAL PLAGUE
CONFERENCE

HELD AT

MUKDEN, APRIL, 1911

MANILA
BUREAU OF PRINTING
1912

理查德·P. 斯特朗编著《奉天国际鼠疫大会报告》的扉页

目 录

防疫与博弈：清末鼠疫背后的大国外交

程　龙

理查德·P. 斯特朗（1872—1948）在接到美国政府的训令后，紧急启程，由马尼拉赶往上海。细菌实验室里的关键设备也已拆卸包装，随他同船运往中国。当其他乘客凭栏远眺，欣赏着海上美景时，斯特朗则在船舱里夜以继日地阅读有关鼠疫的研究文献。说是阅读，其实是恶补，因为他长期从事霍乱的研究与防治，鼠疫非其所长。在到达最终目的地沈阳之前，连斯特朗自己也想不明白，为什么美国政府放着权威的鼠疫专家不用，偏偏选择他去参加这次“奉天万国鼠疫研究会”。报纸上有关中国东北疫情的报道连篇累牍，但消息的来源五花八门，充斥着各种相互矛盾的信息。英、法、美、德、日、俄等国驻扎在哈尔滨、沈阳（奉天）、大连和丹东（安东）的外交官、医生和新闻记者们都从各自的立场发表对时局的看法，斯特朗也分不清孰真孰假，但他似乎能感觉到疫情背后隐藏着某种政治张力。他还不知道，围绕着中国东北地区的鼠疫防治，一场大国之间的外交角逐已经悄悄拉开了序幕，凭着自己的医学知识，他也即将卷入这出大戏的高潮，去扮演一个力挽狂澜的角色。

大国之间，合作与博弈无所不在。一场公共卫生危机就足以成为借题发挥的契机，或促成团结协助，或导致反目成仇，这是最近人们亲眼看到的事。但放眼历史，这也算不上什么新鲜事，发生在清末中国东北地区的大鼠疫以及中、美、日、俄等国围绕防疫的外交斗争就是这样一个先例。研究这场大鼠疫的学术著作并不少见，但关注疫情背后的政治和外交博弈，就要首推美国学者威廉·萨默斯的这本著作。尽管书中也谈到了医疗史，但作者显然对政治外交更感兴趣，而清政府与列强之间心照不宣又紧锣密鼓的斗争也成了全书最精彩的部分，结合当下的特殊情形，读起来令人感触颇深。

一、公共卫生与政治权力

公共卫生管理与政治权力密不可分。任何防疫措施的权威性和有效性都需要国家强制力来维持和保证。切断交通、关闭边境、封锁城镇、强制隔离、停产停学、遣返外国居民、从国外撤侨、企业转型生产紧急物资……这些我们今天看到的举措，无一不是各国政府的行政命令，背后有军事、警察、教育、经济、安全、边防、移民等部门的国家机器作为保障。为了应对公共卫生危机，国家强制力被紧急调动起来，对特定区域进行控制和干预，以限制人群的流动，并最终阻断疾病的传播。反过来，在防疫过程中，行政权力的实施力度、覆盖范围和深度也必然得到加强和扩大。

以管理公共卫生之名行扩张权力之实，这是明治维新后日本从西洋老师那里学来的本事，并在台湾岛和朝鲜半岛的殖民统治中屡试不爽。建立公共卫生管理机构和修建医疗卫生设施，是传统社会迈向现代化的标志，但从另一个角度来看，也是强化政治权力的隐蔽手段之一。曾经在德国学习医学的后藤新平即深谙此道。1905年，时任台湾殖民机构“民政长官”的后藤新平调任旅顺，担任“满铁株式会社”的第一任总裁，负责管理日本在日俄战争中窃取的旅顺租借地和“南满铁路”。后藤从事公共卫生管理的经验十分丰富，甲午战争期间他就相继在日本陆军省医务局和检疫部任职，对于医疗卫生与军事斗争的关系并不陌生，后来更是升任内务省卫生局局长，负责日本全国的公共卫生管理。在台湾期间，后藤通过排查各种疾病的可疑病患和易感人群，逐步完善了户口登记，加强了对各地社区的了解和控制，一些长期不便实施行政管理的偏远地区也逐步纳入了后藤所建立的公共卫生监测体系。纵贯台湾南北的铁路也是后藤主政时期修建的，一手抓交通，一手抓卫生，并通过二者来强化殖民统治，这是后藤有别于其他日本政客，被盛赞为“技术官僚”的主要原因。他把自己在台湾岛管理铁路和公共卫生的经验复制到中国东北，在大鼠疫流行之前，就早已借着提高医疗水平的名义，以南满铁路和安奉铁路为核心，扩张日本在东北的政治势力。而与此形成鲜明对照的是，直到 1910 年 10 月满洲里发现鼠疫的零号病人，并逐步演变成一场近六万人死亡的大灾难时，清政府从中央到地方的复杂行政机构里，却找不到一个与后藤新平一样有着丰富公共卫生管理经验的官员，也找不到一个与日本陆军省医务局、检疫部或内务省卫生局类似的公共卫生管理部门。对于公共卫生与政治权力之间的关系，满朝文武更是没有一个人能说得清楚。

倘若公共卫生事件波及几个不同政权控制的区域，那各地之间还要考虑究竟是协作互助还是关门自保。清末东北大鼠疫就给清政府、俄国和日本出了这样一道难题。铁路把东北各地联系在一起，乘客可以坐火车自由旅行，但铁路管理却因政出多门，被分割成一块块、一条条。俄国和日本分别控制着中东铁路和南满铁路沿线的狭长地带，而清政府则依旧掌管着大农村和腹地，大家各行其是、互不通气。然而，铁路归属和管理上的分隔却挡不住细菌和疾病的传播。相反，人口流动的速度因铁路而大大提高，更是加剧了疫情的快速扩散。鼠疫仿佛是一团火，恰沿着导火索一般的铁路干线蔓延开去，从满洲里到哈尔滨，再到沈阳、大连、丹东，给中日俄三方提出了一个如何协同防疫的问题。

鼠疫暴发后，俄国和日本都先后对沿铁路移动的人群采取了强制隔离措施，但对于远离铁路的广大乡村却无权管辖。不愿意配合隔离的疑似病例只要逃向铁路两侧的腹地，俄日当局即鞭长莫及。清政府虽然也相应加强了对流动人口的控制，但举措仅限于中国人，却不包括享受着治外法权的西方人和日本人。任何限制外国人人身自由的做法都要事先得到外交上的许可。这就意味着，中俄和中日之间若不进行合作，防疫举措就会漏洞百出，效果可想而知。

欧美列强都注意到了中日俄三国各自为政对防疫的影响，也纷纷提出了折中的办法。德国驻哈尔滨领事率先表态，为防疫大计，德国愿暂时放弃治外法权，由中国方面统一谋划，在东北居留的德国人也要服从清政府的安排。美国对此表示赞成，并建议成立国际卫生委员会指导防疫，但仍由中国统筹采取强制措施。在俄国和日本看来，放弃治外法权，无异于削弱自己在东北的地位，无论如何不能接受。他们所希望的刚好相反，那就是借疫情防控之机，扩大各自在东三省的势力。俄国自日俄战争失败后，在远东地区便成收缩防守之势，加上国内局势动荡，虽然一口回绝了德国的提议，却也无力继续扩张，但仍然要守住“底线”。而各方面都处于上升势头的日本则完全不同，后藤新平的继任者们按捺不住急切的心情，以防疫为借口，按照早已演练好的套路采取了更具侵略性的做法。

“满铁株式会社”首先把总部由旅顺推进至沈阳，重心北移，跳出了辽东半岛南端一隅，积极插手东北中部地区的防疫工作。在离铁路较远的农村地区，日本当局也越权采取了强制隔离措施。地域狭窄的辽东半岛限制了南满铁路两侧腹地的纵深发展，也为日本堵截搜捕发病人员提供了便利。对于美德等国要求暂时让渡治外法权、由中国统一组织防疫的建议，日本更是置若罔闻。在中朝边境的丹东，日方甚至明确表态，为了严查疑似病例，日本军警可以强行检查中方的人员和车辆，而清政府却依然要尊重日方的领事裁判权，不得限制日方人员自由或扣押日方车辆。丹东不是旅顺，并非日本的租界地，在中国行使完整主权的领土上肆意妄为，日本早已把国际法抛在了脑后。更令人吃惊的是，日本以防疫为名，从广岛向旅顺增调陆军第5师团，加上原有的第11师团，日本在中国东北的兵力增加了一倍，达到三万余人，鼠疫带来了一场危机，对于受病痛之苦的患者来说是场危难，对于处心积虑的侵略者来说则是趁火打劫的“良机”。

二、医疗合作与外交博弈

美国驻哈尔滨领事顾临（Roger Sherman Greene Ⅱ，1881—1947）和他在沈阳、大连、丹东及北京的同事们及时把日本趁鼠疫之机扩大对中国侵略的动向报告给华盛顿，引起了美国的重视和警觉。就中国东北局势做一个公正判断，得出日本“失道寡助”的结论，对一个普通美国外交官来说，并不是件多么困难的事。可接到报告的美国国务卿诺克斯深知，对日本做出如此负面的评价，顾临的内心一定承受了巨大痛苦，而这也恰恰说明了问题的严重性。

顾临是名副其实的“名门之后”。他的曾曾祖父罗杰·谢尔曼（Roger Sherman）是美国的开国元勋之一，是唯一一位在《大陆盟约》《联邦条例》《独立宣言》《美国宪法》四份重要历史文献上都签过字的“国父”。顾临的名字也取自这位荣耀门庭的祖上。越是出生在官宦世家，越是对金钱和权力看得很淡。顾临的父亲放弃了各种从政和经商机会，在明治维新后来到日本，当起了传教士和英文教师，把《圣经》翻译成日语，在日本一干就是43年，直到去世。顾临在横滨完成了小学和中学的学业，和父亲一样，他精通日语，有着众多日本朋友，对这个第二故乡感情深厚。进入国务院后，顾临被派出工作的第一站是美国驻大连领事馆。虽然没能去日本，但由于大连已经在日本控制之下，顾临也就欣然接受。日本人知道顾临一家的来头以及父子二人和日本的渊源，对这位年轻的领事官敬重有加。1910 年，当顾临提醒美国政府注意日本的侵略动向时，他的父亲尚在日本工作。尽管内心很矛盾，但顾临本人已经开始和日本渐行渐远。一场大鼠疫改变了他对中国和日本的看法，也改变了他对医疗卫生和外交工作的认识，他的人生轨迹发生了转向。

自西奥多·罗斯福当政之日起，美国就力求平衡日俄在中国东北的势力，这也是对华门户开放政策在东北的具体体现。及时插手两国争端，调停日俄战争就是罗斯福当年制衡双方的关键举措。如今日本势力渐强，不断侵夺东北地方的政治权力，清政府心急如焚，美国也不甘坐视，而力不从心的俄国人更是希望把水搅浑，借他人之手限制死对头日本的发展。中美俄三方很快达成某种共识，国际社会坐下来讨论鼠疫防治是当务之急，清政府加强公共卫生权力以遏制日本的蚕食更是迫在眉睫。

对于召开国际会议的想法，日本一边抵制，一边放出话来为其浑水摸鱼的防疫措施辩护：中国医疗水平低下，公共卫生事业落后，医疗人才匮乏，何德何能来组织防疫？又如何能领导列强召开学术和外交会议？这些借口看似强词夺理，却句句戳中了清政府的软肋。不过，日本也害怕会议真的开起来，自己反被孤立，忽然又改变态度，对召开国际鼠疫防治大会表示欢迎，并宣布派出医学权威北里柴三郎率团参会。中美双方都意识到，短时间内解决日本提出的这些宏观问题不切实际。只有就事论事，针对鼠疫防治展开讨论，清政府或许还可以临时抱佛脚，与日本在医学交锋时打个平手，保住东道主的面子。但北里柴三郎的出现，又令形势急转直下，中美都感受到了无形的压力。

北里柴三郎曾与后藤新平一同留学德国，与后藤“携医从政”不同，北里则专攻医术，在细菌学研究领域颇有建树。早在1901年，他就以诺贝尔奖候选人的身份在世界医学界确立了威望。其最大的贡献在于与德国医生贝林共同研发了破伤风疫苗。北里头上的另一个光环，是首次发现了鼠疫杆菌，与法国医生耶尔森几乎同时找到了鼠疫病原体。尽管这一殊荣最终被记在法国人名下，但这并未削弱北里在医学领域的影响力。鼠疫在东北暴发后，北里柴三郎也来到中国，实地调查研究，参与了“满铁”在东北南部的防疫工作。日本人盘算，有了北里这样的“大人物”坐镇，日方将占领会议上的学术制高点，还有谁比北里更加了解鼠疫呢？掌握了医学话语权，就不会被中美牵着鼻子走，也不用担心外交上陷入被动。清政府主导防疫工作的中流砥柱是毕业于剑桥大学医学院的青年华裔医生伍连德及其助手全绍清，发挥配合作用的是英国传教士司督阁（Dugald Christe，1855—1936），他领导一批爱丁堡大学医学院的毕业生组建了盛京施医院，已经在沈阳行医近 20 年。除此以外，便是北京“协和医学堂”派来的几个英美传教士。但即使他们全加在一起，恐怕也比不上北里柴三郎的声望和水平。“奉天万国鼠疫研究会”日益临近，美国认为，派鼠疫专家从纽约启程到沈阳要好几个月，远水解不了近渴。还不如就近差遣一个细菌学家提早赶往中国，以争取大量时间与中方开展医疗合作，临阵磨枪再加上中国方面的地利人和，说不定可以与北里抗衡一阵。

斯特朗是美国能找到的离中国最近的微生物专家，自哈佛大学医学院毕业后，他一直在菲律宾研究热带传染病。抵达沈阳后，斯特朗立即重建细菌实验室，他到医院查看了若干病例，并提出了解剖患者尸体的要求。1911 年的中国，无论《大清律例》还是文化传统都无法接受这个西方医学已经实行了几百年的做法。但在伍连德的支持配合下，斯特朗很快拿到了特许证。对 25 具无主尸体的解剖研究使斯特朗初步了解了鼠疫的病理机制，也印证了伍连德关于本次疫情是肺鼠疫的看法。鼠疫杆菌通常攻击的器官为淋巴腺和肺。在此前的鼠疫暴发事件中，患者大多表现出淋巴结肿大和出血等腺鼠疫症状，这包括欧洲中世纪的黑死病和 1895 年香港的大鼠疫，而北里当年就是在香港发现了鼠疫杆菌。但这次东北大鼠疫却是以呼吸道症状为主的肺鼠疫，患者肺部感染引发咳嗽和呼吸困难，传染途径也由最初人鼠共患的跳蚤改为飞沫。即使像北里这样的权威专家，也没有见过如此大规模的肺鼠疫病例，这一发现让伍连德和斯特朗十分兴奋，信心倍增。

1911 年 4 月，东三省总督锡良、外务部右丞施肇基、伍连德、全绍清和各国与会代表悉数进驻沈阳小河沿“奉天万国鼠疫研究会”会场，唯有日本人例外。他们选择了“满铁株式会社”单独安排的宾馆，即使每日在会场和驻地之间通勤往返，也不嫌麻烦，有意避开众人，似乎有所谋划。不是冤家不聚头，两年前，施肇基在伊藤博文哈尔滨遇刺案中成功阻止了日方借机要挟的企图，如今他和日本人又一次在东北狭路相逢。作为康奈尔大学的第一位华人毕业生，施肇基的出现也为会议上的中美联手奠定了基调。

由于中美之间的医疗合作以及清政府所占据的天然地利，日本并未如预料的那样掌控会议的学术和外交话语权。伍连德和斯特朗基于尸体解剖而对肺鼠疫病理的判断和研究已经遥遥领先于欧洲等国的与会代表，但北里柴三郎不是等闲之辈，他也解剖了 20 多具患者尸体，同样拿到了肺鼠疫的第一手数据，在这一回合的交锋中，中日打成了平手。但接下来，在有关鼠疫流行病学的调查研究中，清政府尽显地利优势，日本则渐落下风。全绍清在大会发言中介绍了他在满洲里对鼠疫起源的调查，由于日本人控制的区域在南满铁路沿线，他们尚不清楚蒙古草原的旱獭才是这次瘟疫的真凶。伍连德有关鼠疫的流行病学研究覆盖了东北全境各地的大量病例，病患的职业、年龄、性别、地域分布、病程长短、症状缓急都有详细的统计。而日本方面仅仅掌握辽东半岛南端的少量数据，信息量不能同日而语，结论自然也缺乏代表性。司督阁则在发言中指出，法国鼠疫专家耶尔森依据当年香港腺鼠疫而研制的疫苗和药物在本次临床防疫过程中被证明是无效的。新疫情对医学大家的传统认识提出了挑战。“大人物”也不能吃老本，要与时俱进。这无疑也动摇了北里的权威。

在医学交锋上占据了主动，清政府要加强公共卫生权力，就不但有国际法上的合理性，也有了技术上的可能性，理应得到国际社会的支持与合作。大会一致通过决议，呼吁清政府尽快建立公共卫生管理机构以加强对防疫工作的领导，组建现代化医院和医科学校以提高医疗水平。在以上两个方面，国际社会承认清政府即将建立的公共卫生管理机构具有相应的政治权力，并在医疗和教育层面给予必要的支持。会议结束后，清政府立即组建了“北满防疫事务管理处”（后一度改名为“东三省防疫事务总处”），这是中国历史上第一个公共卫生管理机构。经东三省总督锡良批准，司督阁领导的盛京施医院扩建为“奉天医科大学”，以爱丁堡大学医学院为学术后盾，招收中国学生，开展医疗教育和研究，这是中国东北的第一所现代化医科大学。

会议结束时，施肇基拉住斯特朗，向他提出了一个请求，希望由他领衔在北京组建“中国科学研究所”。这个问题斯特朗无法马上回答，它显然已经超出了“鼠疫研究会”的议题。但斯特朗答应向美国国务院转达清政府的提议，并和施肇基约定，秋季再来北京进一步商谈。此时的清政府在积极推动社会各个领域的制度改革，从“立宪”到公共卫生管理，从高等教育到科学研究。遗憾的是，历史并没有给垂死的清王朝更多时间和机会。斯特朗没能再回到北京，当金秋十月来临时，大清王朝却已经走到了最后一刻。

鼠疫虽然消退，清王朝虽然覆灭，但中国与列强在东北的斗争还在继续。日本人不甘就此停止在公共卫生领域与中国的争夺，在会议结束后成立了“满洲医科大学”，作为日本京都大学医学院在东北的合作院校。作为东三省防疫事务总处的负责人，伍连德长期关注鼠疫研究。多年后，他成为国际知名的医学专家，其编撰的《鼠疫防治手册》是世界卫生组织指定的标准防治方案，一直使用到20

世纪 40 年代。1931 年东北沦陷后，他辗转到上海，继续领导国民政府的公共卫生管理机构。鼠疫之后，顾临从哈尔滨调任汉口，任美国驻汉口领事，他目睹了武昌起义和清政府的灭亡。随后，他放弃了外交官的工作，加入洛克菲勒基金会，把全部精力投入到中国医疗教育事业中。也许正是当年那几位来自北京“协和医学堂”的传教士让他找到了努力的方向。在顾临的支持下，这个不起眼的医疗机构发展为远近闻名的北京协和医学院，而顾临本人则担任协和医学院的校长达七年之久。从政治外交到医疗教育，职业和事业的重新选择或许是这场大鼠疫带给顾临最大的人生改变。回到美国后，他积极奔走，为支持中国的抗日战争筹钱筹物。此时的顾临已经完全转变了立场，也不再为情感而纠结，即使面对九泉下的父亲，他也毫无愧疚。毕竟，他选择的是正义。司督阁一心一意地管理着奉天医科大学，一直为中国的医疗事业工作到 1923 年，距他初次踏上东北这片土地整整 30 年。

本文原发表于《读书》2020 年第 7 期，作者程龙，加拿大兰加拉学院亚洲研究系教授

致中文版读者

写这本书是为了重新讲述一段历史故事，溯源一场重大疾病悲剧如何推进中国和世界的医学知识，促进中国的公共卫生事业发展，以及展现中国即使在地缘政治极其动荡时期的适应能力。

我希望这段表述道出了你们的心声。我在 1980 年第一次访问中国，与湖南医学院（如今的湘雅医学院）商谈合作项目，后来担任了十年的耶鲁大学—中国医学委员会 (Yale-China Medical Committee) 主席，并有机会在 1982 年去武汉——如今著名的武汉病毒研究所的前身，以及上海大学教授病毒学。自 1982 年到 2017 年退休，我一直在耶鲁大学讲授关于中国科技与医疗史的课程。眼前这本书就是这门课与另外一门“流行疾病的全球影响”课程的成果。

我衷心期待中文版的出版，能够帮助更多人更好地了解这场鼠疫的故事。

序　言

在历史学家看来，作为一种扰动剂的疾病（特别是传染疾病），有助于更好地理解某一特定时期、文化或社会结构。通过考察不同国家与民族对待以及处理流行疾病的不同方式，我们可以理解不同的文化与历史事件。

清末东北鼠疫（1910—1911）已经受到不少关注。但是，如果要简明扼要地分析下列三个问题，这一事件仍然不失为内容丰富的语境：针对第三次世界性瘟疫后期重要阶段的一个案例，对鼠疫源及传播作出语境化描述；医学科学对鼠疫的各种作用；鼠疫在这一时期的地缘政治作用。我的目的在于通过某些细节，立足相对较短的时间段，考察产生所谓“东北问题”的历史语境，在中国东北特定环境下，鼠疫引发的不同反应及其影响，这些反应和影响表现为不同国家利益与手段的相互牵制。我重点关注的是在病原菌理论刚刚获得发展，以及鼠疫菌刚被发现那段时期，医学知识所起到的特殊作用。

当代疾病生态学的概念为我提供了分析框架。在局部和世界范围、技术和文化层面发生的诸多重要事件，打破了鼠疫在中国的生态平衡状态。这项研究有助于呈现德国化学印染工业的技术进步、皮草行业的世界市场、交通运输与人口迁徙的新兴路径、中国汉族—满族的文化碰撞，以及国际政治对立关系的相互联系。以上所有因素共同造成了鼠疫的暴发，以及同期近 6 万人的死亡。

致　谢

这项研究的最初动力来自卡尔·F. 内森（Carl F. Nathan）的杰出著作，我曾经在耶鲁大学“瘟疫的世界影响”研讨课上用过这本书。他的著作对这一议题的深入研究，为本书的主题指出了道路。沿着这条路径，我得到了许多同事、同学、档案管理员和朋友的帮助。需要特别鸣谢以下人员：我尝试学习历史学家技艺而认识的朋友、导师和批评者，现已离世的弗雷德里克·拉里·霍姆斯（Frederic Larry Holmes）；提醒我去某些特别的地方寻找有用资源的伯特·汉森（Bert Hanson）；帮助我获取俄语资料的鲍里斯·彼得罗夫（Boris Petrov）；耶鲁大学图书馆、哈佛大学霍顿图书馆、纽约医学研究院、国家档案馆的图书馆管理员和档案管理员们。托马斯·哈恩（Thomas Hahn）从他本人的历史珍藏照片合集为本书提供图像。我与包括白仁思（Robert J. Perrins）、罗芙芸（Ruth Rogaski）、韩嵩（Marta Hanson）、白彬菊（Beatrice Bartlett）和史景迁（Jonathan Spence）在内的中国研究专家进行了受益良多的讨论。我同样受惠于同伍连德家庭成员的联系，以及他们的支持。马克·阿赫特曼（Mark Achtman）慷慨地分享有关耶尔森氏菌属系统发生学（*Yersinia* phylogenetics）的意见。

第一章

鼠疫席卷东北

“这个地方的人类活动似乎已经绝迹：街道空空荡荡、遭到遗弃，所有房屋荒无人烟。城里尚未感染鼠疫的人们恐惧万状、四处奔逃，面对城外的严重疫情束手无策。广场和市场已关闭。街道上只有野狗游荡，嗥叫着，撕咬着之前还是它们的主人的尸体。阵阵恶臭让人不寒而栗。医院也被废弃。没有任何病人或医护人员，他们已经死亡。唯独在不多的床上躺着那些最后咽气的人。”[1]

这里对疾病和灾难的描述，不是薄伽丘笔下 14 世纪的佛罗伦萨，也不是笛福笔下 17 世纪的伦敦，而是 20 世纪备受列强关注的商业发达地区。1910 年 10 月开始，肺鼠疫暴发，肆虐“满洲”，即中国东北大地（见图 1.1）；[2] 到 1911 年春为止，约有 4.5 万至 6 万人丧生。鼠疫及其后果在当地地缘政治事件中发挥了重要作用，堪称后来日本完全占领中国东北，乃至第二次世界大战爆发的序章。

这次疫情的集中暴发，接近百分之百的致死率，加之又发生在充满国际对峙与外交斗争的地区，引发了各国的

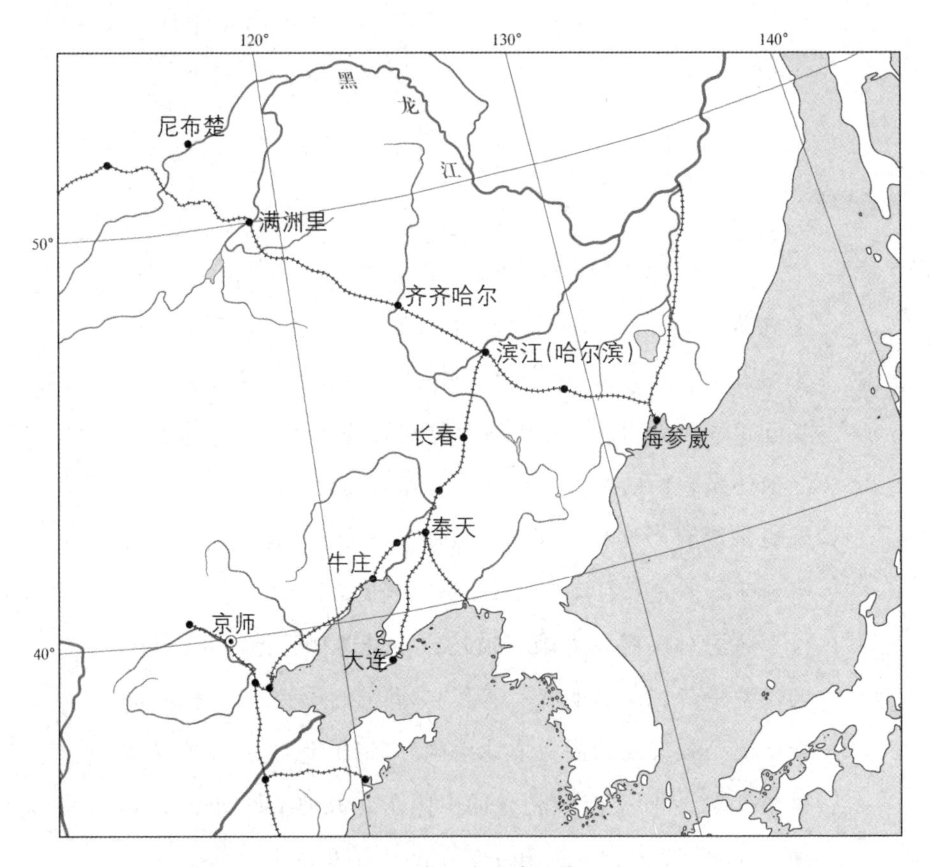

图 1.1 1910 年的中国东北

基于 W. D. 特恩布尔（W. D. Turnbull）的地图绘制，参见 P.H. 克莱德（P.H. Clyde）：《中国东北的国际对峙：1689—1922（第 2 版）》（*International Rivalries in Manchuria*, *1689—1912*, *2d ed.*），哥伦布：俄亥俄大学出版社，1928 年。中华地图学社改绘，审图号 GS（2021）68 号

重视和兴趣。美国初尝国际领导权的甜头，因此对“东北问题”给予高度重视：在西奥多·罗斯福斡旋下签署的1905年协议，结束了在中国东北和朝鲜争夺利益的日俄战争。另一方面，俄国专注于维系在东亚地区长达几个世纪的经营。日本正在经历自1868年明治维新以来的现代化进程，服膺于其特有版本的“昭昭天命”（Manifest Destiny），充满着对朝鲜和中国东北的国际野心与扩张意图。中国在经历1894年至1895年甲午战争的惨败、1900年义和团运动的失败之后，背负了向西方列强和日本进行战争赔款的枷锁，在逐渐衰弱且日薄西山的清朝统治之下，正挣扎着作出走向现代化的最初努力。

清末东北鼠疫是否只是一场人类的不幸悲剧？抑或它在历史上起到了更为重要的作用？我将考察这次疫情所发生的当地特殊环境：由各国在中国东北地区的不同诉求形成的地缘政治及权力的运作机制，以及不同国家与文化交锋的各种历史遗产。我同时探讨技术、历史与疾病，以及铁路、农业市场与19世纪新兴微生物学之间的相互关系。并且，我将思考疾病的多种“用途”：作为政治策略的工具、作为研究自然与医学科学的载体，以及作为获得声望与财富的机遇。

首先，我思考鼠疫及其周期性的暴发，为1910—1911年东北鼠疫面临的具体条件、局部环境和科学发展设定场景。随后，我将注意力集中到这次鼠疫本身。第二、三、四章考察中国东北的局部环境、政治矛盾、中国正在发展的技术变革，特别是东亚地区的铁路及工业化萌芽。第三章详细叙述这次鼠疫，考察它如何影响三个具有不同文化与背景的重要城市，以及介于中间的内陆腹地。第四章研究关于奉天万国鼠疫研究会的各种记载，不仅将其视为考察当时的科学、医学与公共卫生知识的一个窗口，还将其作为探讨列强在远东地区的地缘政治、在清朝晚期和日本扩张早期形成的中日脆弱平衡关系（诱发日本在 20 世纪 30 年代通过扶持“伪满洲国”占领和控制中国东北）的一种范例。

随着这场鼠疫的画面清晰地浮现在我们眼前，第五章回顾围绕鼠疫生物学及鼠疫在中国东北与中亚地区的产生原因以及不断形成的历史争议。最后，第六章不仅从殖民与后殖民模式疾病史的更广泛语境，还从涉及鼠疫、瘟疫和国家利益的更为总体性的医学史重新定位这场鼠疫。

“鼠疫”这个词唤起的是恐惧和神秘，附带着绝望和社会混乱的印象。所有这些反应都具有历史的有效性。尽管这个词的总体意义与历史现实一致，但自 19 世纪后期和 20 世纪初期，以及有关疾病的各种生物学理论出现以来，这个词具有了更为具体的意义。随着西方医学辨别出导致“鼠疫”病原的细菌，大多数研究者认为鼠疫是由于感染鼠疫杆菌（Yersinia pestis）导致的疾病。医学史研究者基本上认可在过去两个世纪共发生过三次几乎是世界范围内流行的大鼠疫。第一次大鼠疫被称为查士丁尼瘟疫（Plague of Justinian），可能发生在中非地区并在公元6世纪通过埃及扩散到多个地中海国家。尽管不是鼠疫导致了所有的死亡病例，但是这次瘟疫造成的死亡人数估计占总人口的两到三成。[3]第二次大鼠疫发生在中亚，公元4世纪扩散到克里米亚半岛港口，随后席卷了北非全境和欧洲大部分地区。[4]这场鼠疫后来被称为“黑死病”。最近的一次大鼠疫发生在19世纪的中国云南，1894年扩散到了中国香港。[5]诸如蒸汽船、铁路之类的现代交通系统，加速了这场鼠疫的暴发及在其他地区的扩散，给以往未被鼠疫菌感染的国家带来了这种生物体。

盖·德·乔利亚克（Guy de Chauliac，1300—1368）等早期医学史研究者，发现看似相同的传染疾病实际上具有两种临床表现：一类主要是呼吸性症状，另一类则更多的是系统性症状，特别是腋窝和腹股沟部位的肿胀。[6]腹股沟的肿胀突出，在拉丁文中被称为淋巴结炎（bubo），源自希腊语的βουβῶν，腺鼠疫由此得名。那些带有肺部肿胀症状的疾病则被称为肺鼠疫。

有关鼠疫周期性发生的传统说法，已经认识到鼠疫的传染属性及其无差别感染性。1348—1349年黑死病暴发期间，人们认为传染方式是对受感染个体或其物品的物理接触、对水源的污染，以及可疑人员的“邪恶视线”。造成鼠疫的原因，被认为包括神的报应、罕见的天体事件，以及具体的气象条件。

虽然大鼠疫罕见，但是鼠疫在世界很多地区的局部暴发却是经常性的，可谓相当频繁。这些历史事件没有受到太多关注，但是在当地却非常重要。例如，14 世纪腺鼠疫的五次大规模暴发席卷意大利北部，但是对其的记载主要限于当地的年鉴报道。[7] 在彼时他地，鼠疫同样是反复出现的现象。身为知名记者与优秀故事讲述者的丹尼尔·笛福，在《瘟疫年纪事》(*A Journal of the Plague Year*，1722 年被改编为小说）中记载了 1665 年瘟疫侵袭下的伦敦。即使在我们自己的时代，鼠疫也并不少见：1994 年以印度古吉拉特邦苏拉特市为中心暴发了被认为是鼠疫的大瘟疫，造成 5150 人出现疑似病症和 53 人死亡。[8]

我们现阶段的理解是，腺鼠疫和肺鼠疫的病原体都是鼠疫杆菌［按照罗伯特·科赫（Robert Koch）的理解］。人类和其他动物均可被感染。其中一种传染形式源自被感染的蚤目昆虫的叮咬。细菌从被叮咬处直接传播到身体其他部位，继而被带到淋巴管中央。它们随后被堵塞在局部淋巴结，并在该处形成带有脓肿的暴发性感染和间歇的退行性感染。

淋巴结炎（腹股沟、腋窝的淋巴结肿大）促成了腺鼠疫这一现代称谓。患者遭受的是伴随休克、高烧和循环系统衰竭的系统性细菌感染。如果不是通过蚤类昆虫叮咬接种，而是通过吸入气溶胶的形式，感染的主要病灶则是在肺部；细菌的快速繁殖和肺部纤维的损坏首先引起咳血、肺功能的迅速衰竭，随后是高烧和死亡。这种形式被称为肺鼠疫。

腺鼠疫在中国比较常见，在人体出现病症之前通常与在鼠类之间传播的动物瘟疫相联系。18 世纪晚期被广泛引用的一首中国古诗生动地描述了这种情况：

> 东死鼠，西死鼠，
> 人见死鼠如见虎！
> 鼠死不几日，
> 人死如圻堵。
> 昼死人，莫问数，
> 日色惨淡愁云护。
> 三人行未十步多，
> 忽死两人横截路。
> 夜死人，不敢哭，
> 疫鬼吐气灯摇绿。

须臾风起灯忽无，
人鬼尸棺暗同屋。
乌啼不断，犬泣时闻。
人含鬼色，鬼夺人神。
白日逢人多是鬼，黄昏遇鬼反疑人！
人死满地人烟倒，人骨渐被风吹老。
田禾无人收，官租向谁考？
我欲骑天龙，
上天府，呼天公，乞天母，
洒天浆，散天乳，酥透九原千丈土。
地下人人都活归，黄泉化作回春雨！[9]

然而，19 世纪的西方医学并不熟悉腺鼠疫。1894—1895 年，鼠疫从广东省扩散到了香港，西医们仅能猜测到这和两个世纪前席卷伦敦的是同一种鼠疫：他们寻找各类古籍文本，阅读笛福关于伦敦鼠疫的描述，以求更多地理解这场鼠疫。

这是“微生物猎手”的时代，来自细菌学领域的两个强国的使者来到香港，踏上了狩猎之旅，去寻找那可怕的鼠疫菌。亚历山大·埃米尔·耶尔森（Alexander Émile Jean Yersin，1863—1943）来自法国巴斯德研究所（Pasteur Institute），罗伯特·科赫的学生北里柴三郎

（1852—1931）来自日本。两者都能分离和鉴定与发生在香港的鼠疫有稳定关联的病菌。[10]当然，没有确凿的证据表明在人体上接种这些生物体可能导致鼠疫。他们根据机体、病毒与动物接种的稳定联系，断定他们已识别出鼠疫菌。应该注意到，耶尔森分离出的生物体最终被证明是鼠疫菌，大多数研究者相信北里柴三郎最终发现的生物体只是一种普通的感染。[11]颇有意思的是，这种争议和错误已经持续了一个多世纪。但是，在认识到耶尔森是从炎性淋巴腺肿分离细菌后，北里柴三郎本人在1905年承认他的分离物不是真正的病原生物。北里柴三郎和青山胤通错以为必须从鼠疫患者的血液中分离生物体。随后，在耶尔森从炎性淋巴腺肿分离出另一种生物体之后，青山胤通确认耶尔森的分离物才是真正的鼠疫菌。[12]尽管存在这一明确的证据，但是不少现代学者，无论是历史学家还是科学家，都坚持认为耶尔森和北里柴三郎是“共同的发现者”。[13]

大概在同一时期，巴斯德研究所的另一位科学家保罗-路易斯·西蒙德（Paul-Louis Simond，1858—1947）正在亚洲从事动物实验，他有力证明了鼠蚤是在鼠类之间，很有可能也是由鼠到人传播鼠疫的带菌者。[14]从理论上来说，鼠疫已经完成从接触性传染到通过空气或水传染的变种。[15]在东北鼠疫暴发之前，肺炎形式是罕见的，因此西医对肺鼠疫缺乏经验或知识。之后暴发的鼠疫因而为西方科学提供了研究、预防和治疗的机会。

虽然腺鼠疫的零散暴发在中国是常见的，但是绝大多数仅仅局限于某一小型区域或单个村庄，死亡病例从个位数到百位数不等。[16] 比如，1910 年秋季，上海报道了一些病例，几近骚乱，引发了激烈的舆论反应、新的管理规定的产生。然而，这些却不是真正的鼠疫。[17]

沿黑龙江发生的鼠疫

居住在黑龙江沿岸俄国外贝加尔地区和中国的当地居民对腺鼠疫非常熟悉。[18] 腺鼠疫在当地人口中每年都有暴发。1901 年至 1902 年期间，在俄国控制的中国东北地区北部曾报道过 114 例死亡，1905 年在大石桥镇附近、中东铁路（Chinese Eastern Railway，CER）西段地区开始出现鼠疫，但是这些传染较为有限，看似是自我遏制住了。几乎是在俄国人夺取这一地区的铁路建设权的同时，他们遭遇到了鼠疫病例。1898 年，第一批被报道的病例据说发生在哈尔滨（滨江）* 以西大约 298 公里的白城

---

* 滨江为哈尔滨旧称。1905 年清政府设滨江关道（即哈尔滨关道），道署驻滨江。1906 年设滨江厅。为便于阅读，中文版统称“哈尔滨”（* 号脚注为编、译者注释）。

地区。[19]研究鼠疫的俄国权威专家丹尼洛·扎博洛尼（D. K. Zabolotny）在写到中国东北鼠疫的时候，指出1898—1899年期间在该地区共发生558例病例，其中400人死亡。当地传教士声称，鼠疫"源自北方"，在当地人口中非常普遍，预计每年都会暴发。[20]比如，1901年至1902年冬，俄国专家们记录了114例鼠疫导致的死亡。[21]当地人认为这些病症暴发的来源是旱獭（土拨鼠），这是他们猎食和获取皮毛的一种常见的穴居类啮齿目动物。当地的一些俄国医生已经开始对旱獭导致的鼠疫进行多次试验调查。[22]出于安全考虑，起先是将一些蒙古旱獭的病体运送给在乌克兰敖德萨的俄国专家，这些旱獭全部死亡并被发现全部带有鼠疫病症。随后，在中国东北的仇瑟夫医生（Dr. Chousef）通过试验让旱獭样本感染上人工培育的鼠疫菌，由此证明病菌能够在同一笼框中的动物间传染。当时的研究较为局限，无法确定传染方式究竟是蚤目昆虫传播还是同类相食。[23]

俄国铁路带来令人惊叹的现代化医疗服务。据俄国报道称，20世纪的前十年，中东铁路沿线建有10座医院和20所医疗站，预测在当地人口中每千人就拥有10—30张病床。[24]

战争和自然灾害带来的鼠疫和大规模流行病，长期以来左右了西方人的想象力，引发对将来疫情重复发生的动因、应对和后果，以及自身弱点的各种焦虑。曾经在西方人的观念里，最为惧怕的很多威胁似乎来自这个世界含混和神秘的部分："东方"。比如发生在亚洲的霍乱、发生在中国香港的流感、发生在日本的脑炎、发生在韩国的出血热、发生在中国宜昌的热病、马杜拉足（足分枝菌病），以及东方疖等名字。根据现阶段分子学的古病理学各项研究，公元 6 世纪东罗马帝国查士丁尼大帝时代开始记载的鼠疫，被认为是发源于亚洲。到 14 世纪为止，"东方"被认为是现在所称黑死病的来源。鼠疫的阵阵浪潮，或者说类似鼠疫的瘟疫，不同程度地肆虐了欧洲和亚洲。

历史学家将世界性的鼠疫划分为三个阶段：第一阶段始于公元 541 年的查士丁尼瘟疫，直到公元 743 年至 750 年的北非和地中海东部鼠疫结束；第二阶段始于 1347 年至 1352 年的黑死病，持续 300 多年，直到 1665 年至 1666 年的伦敦大鼠疫结束；第三阶段从 19 世纪中叶在南亚、东南亚和东亚新暴发的鼠疫开始，到 20 世纪中叶逐渐消失。本书描述的是在第三阶段世界性鼠疫期间的一场鼠疫，在致死率和造成的社会后果方面堪比甚至超过伦敦大鼠疫。笛福在其虚构化描述中记录了著名的伦敦大鼠疫，特别是陷入死亡、恐慌和社会崩溃的伦敦。1910 年到 1911 年的中国东北鼠疫，造成了相同数量的人口死亡（另有估计要比伦敦大鼠疫多六千人），但是却少有人知。历史档案中对中国东北鼠疫的学术性记录现有三种，其中有一位重要的参与者伍连德医生所著的内容翔实的自传。[25] 首部历史类成果是在哈佛大学东亚研究系列中卡尔·F.内森于1967年出版的著作。[26]内森的优秀著作认为这次鼠疫暴发在最为复杂多变的亚洲地区，重点关注的是围绕鼠疫的国际政治。2006年，马克·加姆萨（Mark Gamsa）根据某位身处哈尔滨的重要参与者的日记，描绘了一位亲历者的讲述，因此能够补充内森和伍连德的记载，提供俄国官员在疫情高峰面对疫情防控任务的视角。[27]伍连德的自传提供了一位亲历者的视角，具备事后观察的优势和可靠性。

我的研究试图整合中国东北鼠疫的政治、医学和文化视角，将它放置到20世纪初在东亚地区展开的宏观地缘政治角力的语境，延伸上述前人学者的研究工作，围绕第三阶段世界性鼠疫期间的一场特定鼠疫，提供一种更加全面和细致的分析。

鼠疫在中国

自1644年明朝覆灭后统治中国的清朝，逐渐遭遇了小规模、日渐坚决的改良派和现代化改革派群体，后者看到中国过去奉行的天朝上国和闭关锁国政策在应对外来挑战时正迅速失去效力。在所有的领域，中国都在被迫改革，但是统治阶层的自身属性却是维护传统、稳定和传承。对外贸易被限制在“通商口岸”，绝大多数的进出口贸易是由政府指定的代理人进行，即所谓的行商［有时也被称为源自葡萄牙语的买办（Comprador），显示出葡萄牙人在澳门的重要影响］。在中国城市居住的外国人被限制于各个“租界”，指的是已经被“租借”给欧洲列强的小块土地。在这些外国租界内，司法、海关，以及生活方式都是属于列强管辖的。在这里被容许的“治外法权”（extraterritoriality）观念，是中国改良者们感到深受其辱的源泉，他们正确地将其视为对中国国家主权的侵犯。在治外法权的管理下，西方模式的教育、医疗和公共卫生机构通常发展迅速，例如，设立了很多西式医院。为维护外国人群体的利益，同样创办了学校、俱乐部、报纸，甚至警察队伍。对像瘟疫这样的大范围问题的任何应对措施，都是零碎化、带有政治色彩的，且经常矛盾和混合各种手段，这不足为奇。对待鼠疫的方式也是这样。

当然，鼠疫在中国，甚至在东北腹地及其边境地区并不陌生。最早于公元前 243 年开始编纂的历朝史书、方志和其他历史资料，已经记载了为数不少的瘟疫和被认定为广为传播的疾病。[28] 卡罗尔·本尼迪克特援引 18 世纪 70 年代在云南发生的鼠疫，认为这极有可能是至今为止对鼠疫最早的文字记载。[29]19 世纪中期发源于中国西南地区的鼠疫，缓慢扩散到珠江三角洲的香港，在19世纪90年代中期暴发。[30]传染细胞巢被带出香港，沿着中国的海岸线往东北方向蔓延，在20世纪的最初几年最终到达东北地区一个叫作牛庄的贫穷城市。

正如伍连德、马廷奈夫斯基、莫拉瑞提和加姆萨的详细记录，19世纪晚期到20世纪初期在俄国外贝加尔地区，以及疑似在中国东北边境地区发生的鼠疫是地区性的。[31]医生、旅行家和铁路官员在他们的各种记载中，描述了从莫斯科到太平洋港口城市海参崴（符拉迪沃斯托克）的新建铁路沿线、黑龙江沿岸城镇发生的数次小规模鼠疫。这些鼠疫的发生都是小范围的，涉及为数不多的当地居民，最后也能够自我控制，或多或少被当地人理解为是在相对原始的村落发生的周期性灾难。因此，1910年秋季鼠疫早期病症出现时，没有引起任何警惕。

对中国东北鼠疫的首次报告，出现在1910年10月27日的电报。据《柳叶刀》报道，在满洲里火车站附近的某个村庄，10月26日和10月27日各发生了8例和15例死亡病例。[32]一个月以后，位于东北腹地的吉林市向上海《北华捷报》发送一份新闻报道称："鼠疫已经传到哈尔滨。现已报出13例，均为致死病例。受感染的一座房屋被焚毁，俄国卫生部门正在采取预防措施。截至目前，只有中国人被感染。吉林省长已颁布法令，在宽城（长春地界）和哈尔滨通往吉林的公路设立多个防疫站。然而，在最为重要的铁路节点宽城和周村（Chou t'sun）两地，似乎并没有任何举措。”[33] 在接下来的几周之内，更多关于东北地区鼠疫死亡病例的简报出现在上海的各大报纸。1910年秋，上海本地已经零散暴发腺鼠疫，吸引了更多当地人的关注，导致附近的数次骚乱和大规模游行。此时的上海更多关注本地政府未能采取强硬措施，如此可能使得来自东北地区的各种报道没有受到重视。只有通过回溯历史，我们才能清晰地追溯鼠疫的形成，以及它沿着铁路线和公路向南传播到数个重要港口城市以及北京（京师）的持续过程。

1911 年 1 月中旬，几乎所有英文报纸的每日新闻都在报道正在中国东北部扩散的鼠疫。1911 年 1 月 18 日，距离北京不到 20 公里的通州发现了“数起病例”，[34] 引发一位本来表示怀疑的记者评论道：“疾病已经渗透过了长城。”[35] 这次鼠疫被认定为肺鼠疫，直接通过人传人传播，不需要任何以受感染啮齿目动物为营养的蚤虫之类的间接带菌者。对病体个体的隔离检疫与限制接触是控制这种疾病的主要方式，这些措施在东北各地使用，效果各不相同。

1910 年的中国东北处于政治混乱之中，名义上仍然是在中国的主权控制之下。但是，在这片土地上，存在代表俄国、日本和中国的不同权力机构。简单来说，这种局

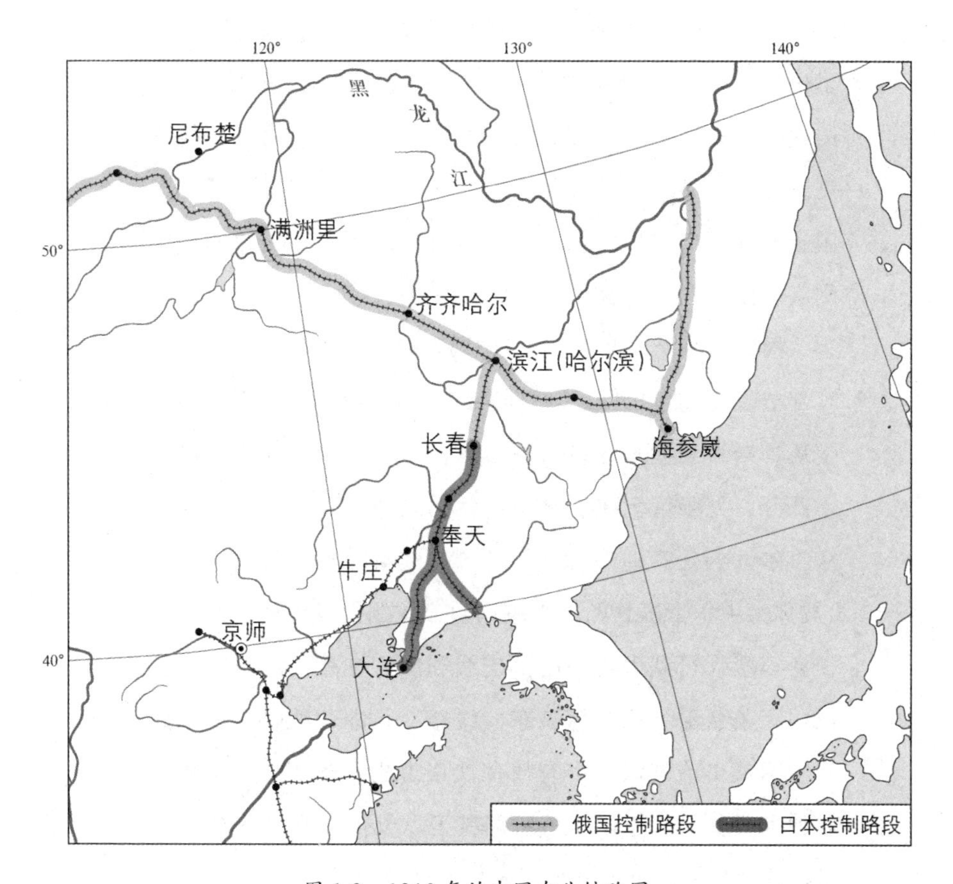

图 1.2　1910 年的中国东北铁路图

该图表明铁路控制权及其相关的“势力范围”。中东铁路横跨东北北部、向南直到长春的路段处于俄国控制。日本控制着从长春到大连（辽东半岛的尖端）的南满铁路，以及向东到达安东的路段。中国控制着从奉天到牛庄和北京的另一路段。基于 W. D. 特恩布尔的地图绘制，参见 P. H. 克莱德：《中国东北的国际对峙：1689—1922（第 2 版）》。中华地图学社改绘，审图号 GS（2021）68 号势表现为每个国家控制着东北新建铁路系统的不同路段。1905 年签订的《朴茨茅斯条约》，规定日俄两国可以每公里铁路驻守一定数量的军队，防范山匪和提供铁路管理。因此，当采取组织防疫、管理潜在感染人群，以及其他鼠疫防控和公共卫生措施的时候，医护人员随即碰到的是在国家利益矛盾、协定权力和迥异行政体系之间交织的复杂网络。鼠疫防控措施显得混乱也在情理之中。

根据《朴茨茅斯条约》，中国东北的铁路已经被划分为三部分（见图 1.2）：从西向东直接横跨东北的中东铁路，是从莫斯科到太平洋港口城市海参崴的跨西伯利亚铁路的一部分，处于俄国控制之下。俄国同样控制着这段铁路线从哈尔滨到长春的南部支线部分。从奉天到北京的铁路段（被称为中华帝国铁路）由中国政府控制。日本则控制着从长春到奉天再到大连的南部支线和南满铁路。南满铁路还包括一条从奉天到边境安东的线路。日本和俄国通过铁路从中国获得治外法权，有权在铁路沿线运营铁路、开采矿业和发展贸易。除了这些铁路警卫，俄国和日本还沿铁路线在各自控制范围内进行了大量的城镇建设。

俄国的主要势力据点是位于中东铁路沿线的哈尔滨。日本在位于渤海湾出海口、南满铁路终点的大连建设了重要的港口。中国方面在傅家甸（被称为哈尔滨“唐人街”）和奉天维持着平行的势力影响。为了管理利益和保护地位，每一个国家均拥有民事和军事的权力。铁路管理的复杂关系、极为重要的政治考量，以及对鼠疫感染人群流动的关键作用，使得东北铁路成为鼠疫防控工作的焦点和相关争议的主要问题。

不仅是日本和俄国瞄上了中国东北，美国、英国、德国和法国均将该地区视为经济扩张（如果不是为了事实上的殖民）的新兴丰厚机遇。富饶的农业开垦空间、煤炭（某些是亚洲最好的煤田）和其他矿产，以及广袤的原始森林，使得东北成为西方列强斗争的新前线。即使是在东北的中等规模城市，均设有外国领事馆，在当地的经济和政治活动中代表各自国家。形形色色的领事们，有时扮演政府代表和当地企业家双重角色的外国商人，进行社交聚会，相互合作和竞争当地经济利益，通常又集体行动对当地中国官员施压。这些外国领事推举产生出一位“元老”（dean）或“首席”（doyen），通常是在当地任期最长的官员，代表他们的群体利益与当地中国人交涉。这位元老的任务通常涉及与治外法权复杂问题相关的各种谈判。与日俱增、重复出现的是涉及中国公民在外国租界犯罪被捕后的司法审判权问题。多数情况下，中国人似乎受制于外国司法，但是无论在何处被捕的外国人均可以规避中国司法管辖。

向国内政府汇报当地情况是领事馆的一项主要任务。

他们通常每周提交一次报告，提供对当地局势丰富而细致的描述，包括贸易、来访人员和政治态势，以及对本书研究具有特殊意义的、有关卫生和疾病的记录和数据。总体来看，来自不同市镇、不同国家视角的报告，能够以细致的方式重现早期鼠疫的预兆及其往南在中国人口大城市不断扩散的历史。

回顾历史，似乎可以清楚地发现，东北鼠疫第 1 例病例发生在被称为满洲里的居民点，非常靠近中国东北与当时被称为外贝加尔的西伯利亚地区的边界地带。1910 年 10 月 28 日报道了鼠疫的死亡病例，被认为是零号病人［亦称为索引病例（the index case）］。随后，满洲里共出现 582 例死亡病例记录。[36]11 月 8 日，俄国势力范围内的铁路枢纽哈尔滨出现了死亡病例，在那里造成巨大损失：在哈尔滨和傅家甸区域共有 5272 例死亡。鼠疫从哈尔滨沿铁路线扩散开来。1911 年 1 月 2 日，鼠疫传播至奉天，造成 2571 例死亡，1 月 3 日在长春造成 3104 例死亡。鼠疫暴发既迅猛又致命。官方的医疗记录报告称 43972 例病症中只有一位生还者。这次的总体暴发率，据测算是整个东三省人口的 2.25‰。但是，这些病例几乎全部发生在铁路沿线，因此局部的暴发率是惊人的。[37]

虽然俄国和日本在当地的机构采取了措施，但只有中国中央政府可以官方地采取规模广泛的行动。为了应对来

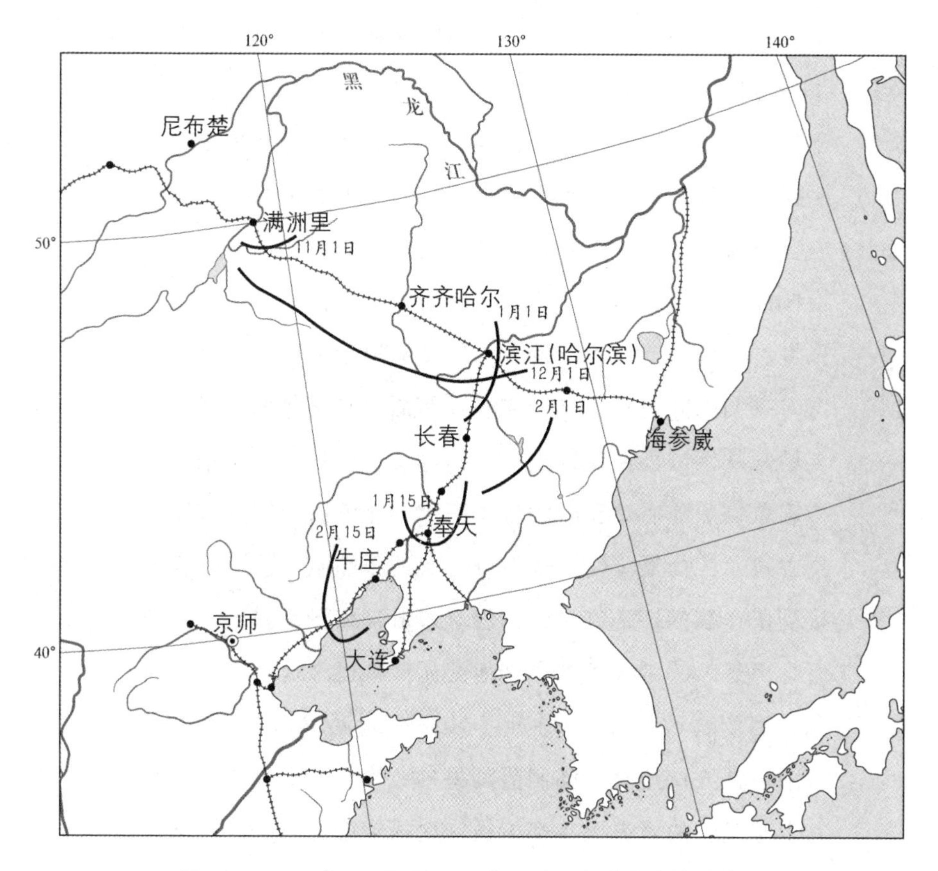

图 1.3　1910 年 10 月至 1911 年 2 月，鼠疫在东北的蔓延

资料源自理查德·P. 斯特朗编著：《奉天国际鼠疫大会报告》，马尼拉：印刷局，1912 年。基于 W. D. 特恩布尔的地图绘制，参见 P. H. 克莱德：《中国东北地区的国际对峙：1689—1922（第 2 版）》。中华地图学社改绘，审图号 GS（2021）68 号

自国内外的压力，清政府通过外务部（负责公共卫生活动的中枢）委派一位年轻的中国医生作为正式代表来到哈尔滨调查。各种情况在这一历史性时刻的非常规组合，造就了西方医学在中国以科学和官方面貌呈现的暴发式发展。上述这位年轻的医生就是伍连德博士，既具有才能、政治手腕与技巧，又具备这次任务所必需的教育和培训经历。

作为一名接受最新教育的精英外科医生，伍连德将这次鼠疫诊断为肺鼠疫。哈尔滨的俄国医生们认为是疑似腺鼠疫，继续医治病人，没有采取呼吸道系统预防措施。俄国专家们固守这种诊断结果，开始捕鼠和解剖的工作。甚至后来从俄国公使馆发出的外交电文也坚持将这次鼠疫视为腺鼠疫。随后，著名的法国医生、北洋医学院的首席教授吉拉尔·梅聂（Girard Mesny）被派往哈尔滨，却拒绝接受伍连德的评估结论，也没有采取任何预防措施。六天后，梅聂因感染病毒去世。他的死似乎已经成为一个转折点，因为清政府于 1911 年 1 月向东北派出军队和警察，试图控制人口流动和强制隔离检疫。毕竟，如果连这位具有丰富经验的西方医生都能被这次鼠疫夺去生命，那么没有人是安全的。旧有的医院被焚毁，新的鼠疫防治医院仓促建成。当时地面已经冰冻，无法埋葬死者。在这一时刻，伍连德报告称目睹成排的棺材，数量近两千副，因为缺少棺木，还有更多的尸体就地排放在路边。只是因为人们担心老鼠啃食这些尸体并被感染，伍连德才获得部分当地官员的支持；随后他按照传统的中式做法，上书朝廷。三天之后，伍连德接到了同意大规模焚烧尸体的圣谕。1911 年 1 月 31 日，焚尸完成。

伍连德甫一抵达哈尔滨，就着手调查这次鼠疫的性质、病体及其传播模式。在欧洲接受的现代培训，让伍连德可以运用在当时被欧洲、美国、日本医学权威所仰慕和接受的各种方法。西方医学界向这位中国医生学习传染疾病的现代理论，可能这种情况在历史上还是头一次。

1911 年 1 月中旬，清政府邀请各国委派专家帮助调查和处置这次鼠疫。美国随即派出已在菲律宾常驻的理查德・P. 斯特朗和奥斯卡・蒂格（Oscar Teague）两位医生。斯特朗和蒂格以为只是一项研究任务，但是当他们来到中国，清政府邀请这些外国专家的意图变得含糊。清政府正在计划举办一次国际会议，准备邀请这些科学家参加。与此同时，斯特朗和蒂格决定向中国同事和当地官员求助，无论以何种方式都要开始他们自己的研究。两人在驻留的奉天进行了 25 次尸检。他们对鼠疫死者的尸检数量远远超过之前，因此斯特朗本人迅速地成为肺鼠疫病理学的世界级专家。

无论是来自中国还是国外的鼠疫调查员，均专注于寻找鼠疫源，很快就集中到西伯利亚旱獭或蒙古旱獭上。这种哺乳动物被广泛捕猎，因为它们的皮毛可以被印染成为紫貂的仿制品，当时欧洲和美国时尚产业对此需求量很大。[38]东北旱獭当时正在冬眠期，为数不多的旱獭几乎全部被美国研究者获取。接种试验表明旱獭容易感染鼠疫。但是，旱獭的作用尚不清楚。传播途径是什么？旱獭能否传播肺鼠疫？最后表明，这些问题没有得到确切答案，但是现有的所有证据均支持旱獭是鼠疫源的结论。

1911 年年初数月，中国人与美国人大量地积累肺鼠疫数据，在即将召开的奉天万国鼠疫研究会处于主导地位。这次大会是首次在中国召开的世界科学会议，是清政府在俄国和日本之间政治平衡的结果。鼠疫期间，俄日两国均建议派出“观察员”和“调查员”。毫无意外的是，日本派出的大多数是军事人员。清政府在此事上表现得足够理智，将这些举动视为日本企图在《朴茨茅斯条约》规定的铁路保护权利之上进一步加强在东北军事力量的借口。这种担忧促使清政府邀请美国和其他国家同时派出专家。清政府娴熟地利用美国专家制衡俄国人和日本人，随后这些外国“顾问”摇身又成为参加国际科学大会的“代表”。这样的举动，将鼠疫治理转变为一种纯粹的科学活动，使得任何军事人员和警察的介入变得更加困难。

清政府建议举办这次世界大会，邀请那些与日本人相处并不融洽的他国著名科学家和医生参加。日本人赢得了甲午战争的胜利，对自身的现代化进程自视甚高，自认为是泛亚运动的新领导者。这里自然有些种族优生学的信仰成分在作怪。许多日本人被种族改良理论武装，希望通过日本的“白化”实现与西方的平等。[39]在这种背景下，清政府不能接受在现代医学科学这样被日本视为国家荣誉的领域抬高日本。毕竟，北里柴三郎作为世界闻名的罗伯特·科赫的嫡系弟子，因1894年香港鼠疫期间成功发现鼠疫菌而广获赞誉。[40]日本报界和科学界的最初反应是抵制这次大会。但是，他们的虚张声势不足以阻碍大会计划，因此他们随后显然是极不情愿地同意参加。

年轻的伍连德博士是这次大会的“官方”主席，这也是日本人认为被冒犯的另一个地方。这样年轻的中国人获得如此地位的国际殊荣，让他们感到特别不安。不过在会议结束之前，伍连德的政治技巧和科学知识已经赢得大多数会议代表的尊敬和认可。

大会持续三周时间，包括成果展示和继续进行的试验。作为会议的吉祥物，一只异常温顺的东北旱獭甚至被带到了会议现场。[41]

参加这次会议的代表共通过45项决议，以此作为对清政府的建议。这些建议没有过度的政治倾向，但对中国立场而言是敏感的。难得之处在于，这些与会代表受各国（奥匈帝国、中国、法国、德国、英国、意大利、日本、墨西哥、荷兰、俄国和美国）委派是出于明显的政治原因，但是能够专注并处理好医学与科学事务。许多代表或是具有私交，或是在欧洲师出同门，因此提供了超越国界的友谊和忠诚。

会议论文集由斯特朗编辑后在马尼拉出版，成为肺鼠疫的权威著作。[42] 清政府为响应大会的建议，颁令设立“北满防疫事务管理处”（North Manchurian Plague Prevention Service）并正式在国家层面认可西医，这也是 1911 年 10 月辛亥革命前颁布的最后一道政令。伍连德没有回到北洋医学堂，而是留在哈尔滨继续研究鼠疫。1912 年，“北满防疫事务管理处”成为民国新政府的实体单位。伍连德通过瘟疫研究培训中国医生。防疫处后来演变为“全国海港检疫管理处”（National Quarantine Service），*1934 年之前仍然是中国的首要医疗机构。伍连德被世界公认为该领域的权威专家，他 1926 年出版的肺鼠疫研究专著至今仍然是关于这一疾病的标准参考书。[43]

注释

1 Correspondent in China, “Notes from China,” *Lancet* 1 (1911): 775.
2 满洲这一矛盾称谓指的是当今中国的东北地区。本书中对满洲地名的使用并不代表认可由日本帝国政府于 1920 年至 1930 年期间提出

---

* 该处几经更名，包括一度更名为“东三省防疫事务总处”，九一八事变后该处骨干力量南下，加入国民政府“全国海港检疫管理处”。

的“伪满洲国”或以其他形式出现的傀儡政权。本书是在历史意义上使用“满洲”，因为这是书中研究对象所处时代最为通常使用的称谓。正如欧文·拉铁摩尔指出，“它［满洲地名］缘起于这样的事实，19世纪末外国势力争相控制中国，首次使得东北成为被整体处置的地区。”在此之前，满洲南部的农业地区汉族化程度高，北部的森林和高原草地区则迥然不同。参阅 Owen Lattimore, *Inner Asian Frontiers of China*（Boston: Beacon, 1962），103—109。

3 Joseph P. Byrne, ed., *Encyclopedia of Pestilence, Pandemics, and Plagues*（Westport, Conn.: Greenwood, 2008）, *s.v.* “Plague of Justinian.”

4 Robert Pollitzer, *Plague*（Geneva: World Health Organization, 1954）; Joseph P. Byrne, *Daily Life During the Black Death*（Westport, Conn.: Greenwood, 2006）.

5 Carol Benedict, *Bubonic Plague in Nineteenth-Century China*（Stanford: Stanford University Press, 1996）. 166.

6 Guy de Chauliac, *Inventarium sive chirurgia magna*（1363）, ed. Michael R. McVaugh（Leiden: E. J. Brill, 1997）.

7 Ann G. Carmichael, *Plague and the Poor in Renaissance Florence*（Cambridge: Cambridge University Press, 1986）, 10.

8 “Human Plague-India,” *Morbidity and Mortality Weekly Report* 43（1994）: 689—691.

9 师道南：《鼠死行》。

10 Alexandre Emile Jean Yersin, “La peste bubonique a Hong Kong,” *Ann. Inst. Pasteur* 8（1894）: 662—667，同时参见 Yersin, “La peste bubonique a Hong Kong,” *Comptes rendus de l'Academie des sciences* 119（1894）: 356，以及 Shibasaburo Kitasato, “The Bacillus of Bubonic Plague,” *Lancet* 2（1894）: 428。

11 David J. Bibel and T. H. Chen, “Diagnosis of Plaque: An Analysis of the Yersin-Kitasato Controversy,” *Bacteriological Reviews* 40（1976）: 633—651.

12 Tohiu Ishigami（rev. by Shibasaburo Kitasato）, *Japanese Text-Book on Plague*（Adelaide: Vardon and Pritchard, 1905）, 6—8.

13 参阅书目例如 Mark Harrison, *Disease in the Modern World*（Cambridge:

Polity，2004），129—130；布尼特和怀特两位资深专家仅认可北里柴三郎，而同样权威的两位专家杜伯斯与赫希只认可耶尔森。参阅 MacFarland Burnet and David O.White，*Natural History of Infectious Disease*，4th ed.（Cambridge：Cambridge University Press，1972），228；Rene J. Dubos and James G. Hirsch，*Bacterial and Mycotic Infections of Man*，4th ed.（Philadelphia：J. B. Lippincott，1965），664。

14 Paul-Louis Simond，"La propagation de la peste，" *Ann. Inst. Pasteur* 12（1898）：625—687.

15 传染病的概念至少可以被追溯到 14 世纪，以患病可以通过传染体或病源的接触或暴露的理念为基础。它指的是外部"病原"。在传染病概论中，具体的传染体或病源不是至关重要的。另一方面，传染是更为近期（19 世纪产生的）、基于这种或那种细菌病毒理论的优化概念。

16 Masanori Ogata，"Ueber die Pestepidemie in Formosa，" *Zentralblatt Bakt.* Abt. 1，21（1897）：769—777.

17 "A Case of Plague，" *North-China Herald*（Shanghai），28 October 1910，231.

18 Ivan L. Martinevskii and Henri H. Mollaret，*Epidemiia chumyv Man'chzhurii v 1910—1911 gg.*（Epidemic plague in Manchuria in 1910—1911）（Moscow：Medicina，1971）.

19 同上，第 16 页。

20 同上。

21 同上，第 17 页。

22 Frank G. Clemow，"Plague in Siberia and Mongolia and the Tarbagan（*Arcomys bobac*），" *Journal of Tropical Medicine* 3（1900）：169—174.

23 Martinevskii and Mollaret，*Epidemiia*，24.

24 Rosemary K. I. Quested，*"Matey" Imperialists?*：*The Tsarist Russians in Manchuria*，*1895—1917*（Hong Kong：University of Hong Kong，1982），105. Quested 同时报告，俄国人与中国人一起接受检疫。在更为偏远地区的医生短缺问题同样受到关注。

25 Wu Lien-Teh，*Plague Fighter*：*The Autobiography of a Modern Chinese Physician*（Cambridge：Hefter，1959）.

26 Carl F. Nathan, *Plague Prevention and Politics in Manchuria, 1910—1911* (Cambridge: Harvard East Asian Monographs, 1967) .
27 Mark Gamsa, "The Epidemic of Pneumonic Plague in Manchuria, 1910—1911," *Past and Present* 190 (2006): 147—183.
28 Joseph H. Cha, "Epidemics in China," in William H. McNeill, *Plagues and Peoples* (Oxford: Blackwell, 1976), 293—302.
29 Benedict, *Bubonic Plague*, 2.
30 参见 Benedict, *Bubonic Plague*, and Myron Eschenberg, *Plague Ports: The Global Impact of Bubonic Plague, 1894—1901* (New York: New York University Press, 2007)。
31 参见 Gamsa, "The Epidemic"; Martinevskii and Mollaret, *Epidemiia*; and Wu, *Plague Fighter*。
32 British Delegate to the Constantinople Board of Health, "Recent Plague Outbreaks in Russia and the Far East," *Lancet* 1 (1911): 59.
33 Correspondent, *North-China Herald* (Shanghai), 23 December 1910, 705.
34 *North-China Herald* (Shanghai), 20 January 1911, 157.
35 同上，第 125 页。
36 Reginald Farrar, "Plague in Manchuria," *Proceedings of the Royal Society of Medicine* 5, pt. 2 (1912): 6.
37 同上，第 3 页。
38 仅是四家俄国公司从中国东北每年进口的旱獭皮草数量据报已经超过 200 万张。"International Plague Conference at Mukden," *Lancet* 1 (1911): 1383。
39 参见 Sumiko Otsubo, "The Female Body and Eugenic Thought in Meiji Japan," in *Building a Modern Japan: Science, Technology, and Medicine in the Meiji Era and Beyond*, ed. Morris Low (New York: Palgrave, 2005), 63—64。同时参阅 Morris Low, "The Japanese Nation in Evolution: W. E.Griffis, Hybridity and Whiteness of the Japanese Race," *History and Anthropology* 11 (1999): 203—234。
40 微生物学家、历史学家，甚至北里本人后来均普遍认可，北里描述的生物体并不是鼠疫的病原体而是一种普通的污染物。发现这一问题的殊荣应该仅归功于亚历山大 · 耶尔森本人。参见 Ishigami,

Japanese Text-Book; and Bibel and Chen, "Diagnosis of Plague."。

41 Correspondent, "The International Plague Conference," *China Medical Journal* 25 (1911): 195.

42 Richard P. Strong, ed., *Report of the International Plague Conference Held at Mukden, April 1911* (Manila: Bureau of Printing, 1912).

43 Wu Lien-Teh, *A Treatise on Pneumonic Plague* (Geneva: League of Nations, 1926).

第二章

“东北问题”

位于东北亚的中国东北三省，在传统上是满族人的居住地。满族在人类语言学意义上属于通古斯民族，这一地区长久以来被视为中国的领土。中国人将东北称为“东三省”，通常区别于中国的“关内地区”。它也被称为辽东地区，指的是辽河以东的地方。它在西面与内蒙古交界，北面与西伯利亚接壤，东南面隔着鸭绿江与朝鲜相对。

该地区的面积大约是加利福尼亚州的两倍，耕地、大河、森林与山脉资源丰富。早期西方勘测者们将中国东北比作美国西部，拥有丰富的资源与开发的潜力；欧洲人将其称为“东方的鲁尔区”和“东亚的粮仓”。[1]我们发现，这种观念颇具前瞻性。这三个省拥有丰富的矿产、大量的林业资源，以及广袤的农垦区域。这里的气候往北向西伯利亚方向趋于恶劣，往南向渤海湾港口方向则由于黄海的南方暖流而趋于温暖。

中国东北位于俄国在西伯利亚与太平洋沿岸不冻港口的利益范围之间，与朝鲜相邻，到日本海路距离很短。贸易和交通迅速成为列强关注的问题，这些都使得东北在19世纪末20世纪初获得新的重要地位。

中国东北的近代历史是关于铁路、海外市场，以及大规模地缘政治的故事。在这种充满潜在冲突的格局中，随之而来的是死亡与毁灭，以及古老的人类灾难——鼠疫。就像炸弹的导火索，鼠疫引发了一连串或许无法避免，但是其时间、地点和细节肯定取决于这场重要的医学灾难的事件。

《尼布楚条约》（1689年）

这个历史故事的近代起源可以追溯到17世纪，当时的俄国和中国都在沿着黑龙江开拓它们在中亚地区的边境。黑龙江在中国是第三大河流，仅次于长江和黄河，在俄国远东地区则是第一大河流。它先是向东和东南方向流动，随后往北流向萨哈林岛北端对面的鞑靼海峡（日本称为间宫海峡，俄国称为涅维尔斯科依海峡）。俄国人受利润可观的皮草贸易驱使而在此地定居。圣彼得堡方面对这一地区的管理也比较松散，抢劫与零星的战事时常发生。17世纪中期，俄国远征军来到这里对当地村庄进行野蛮侵掠，清政府随即派出军队，经过七年的战事，终于设法沿着黑龙江将俄国势力一路驱赶到了尼布楚。然而，俄国人在黑龙江上游地区安营扎寨，试图从当地部落获取贡金。这些部落转而向北京求助。1689年8月2日，俄国与清政府代表在尼布楚会面并签订条约，该条约划定边境并阻止俄国染指当地。在谈判过程中，清政府代表不仅得到来自北京耶稣教会团的帮助，而且得到在场近万名士兵的助威。1869年8月27日正式签订的《尼布楚条约》，是清政府与西方列强签订的第一个条约，在之后的150年间为清政府与俄国在中亚的各项关系奠定了基础。颇为有趣的是，这项条约有四种官方语言版本（拉丁文、中文、俄文与法文），在语言、条理与清晰度方面各不相同。[2]俄国与清政府均无意对这一地区进行开发，也没有试图建立永久的管辖和居民定居点，因而没有暴露《尼布楚条约》的缺陷。俄国的利益集中在皮草贸易，清政府的利益主要在于维持北部边疆的安全。只有到了19世纪，随着殖民主义、民族主义与重商主义的泛滥，《尼布楚条约》才被旧事重提。

《北京条约》（1860年）

围绕《尼布楚条约》是否属于俄国外交政策的重大失误，俄国舆论在一段时间内无法实现意见统一。1846年，沙皇尼古拉一世下令重议黑龙江问题。翌年，他任命尼古拉斯·穆拉维耶夫（Nicholas Muravieff，又被称为穆拉维夫·阿穆尔斯基）为东西伯利亚地区总督。穆拉维耶夫被普遍认为兼具能力与远见。他的任务在于巩固俄国在东亚的地位，以及在太平洋沿岸建立一座俄国海军基地。1853年，在俄国沙皇的命令下，穆拉维耶夫占领了萨哈林岛，随后引发对 20 世纪产生深远影响的系列事件。[3]

在地理上，萨哈林岛作为此处群岛的一部分，与北海道只有一水之隔。穆拉维耶夫向清朝皇帝提出，俄国可以提供保护，以制衡英国在远东地区日渐增长的势力。他认为这样的战略既合理又及时：当时的俄国在克里米亚半岛与英法两国正处于交战状态，为俄国派远征军往南跨过黑龙江，保护在太平洋地区的利益提供了托词。当时的清政府被国内的太平军起义（1851—1864 年）削弱了实力，[4]在外部又饱受与英法两国进行鸦片战争（1839—1842 年和 1856—1860 年）带来的消耗，已经无力拒绝俄国对沿黑龙江新特权的要求。[5]穆拉维耶夫本人小心翼翼地避免与清政府产生不必要的矛盾。1856 年 5 月 16 日，俄国与清政府在一座名为瑷珲的小镇签订了新的条约。《瑷珲条约》让俄国全面获得了黑龙江以北的土地，以及将来对海参崴周围地区的共同控制权。1860 年 7 月 20 日，俄国占领了海参崴，选址建设一座太平洋港口城市。在鸦片战争期间，英法联军进攻北京，清政府西撤。俄国公使为清政府提供解决方案：将东部沿海的波罗奈斯克并入俄国，换取俄国对英法两国的调停，停止战事。当时主政的恭亲王同意与俄国交易，将这片待开发的沿海土地割让给俄国，换取其保护中国不受英法两国蚕食的回报。[6]俄国公使伊格纳季耶夫将军向英法联军司令官额尔金勋爵与葛罗男爵多次陈情，促成了《天津条约》的签订，1858 年 6 月第二次鸦片战争的第一阶段战事结束。1860 年 11 月，清政府与俄国签订《北京条约》，俄国获得了长期寻求的太平洋入海口。无论是对 20 世纪初的中俄关系，还是 20 世纪中的中苏关系而言，《北京条约》均产生了重要的象征性作用。

东北的铁路

与河流对交通运输的重要性一样，铁路对东北经济和政治发展发挥了关键作用。1896 年，英国领事官 * 谢立山（Alexander Hosie）从东北小镇牛庄出差前往吉林，在日记里面生动地描述了这趟旅途。[7]大约 600 公里的路程，10 人乘坐的篷马车、4 辆运货马车、12 头骡子、3 匹矮马

* 原文误作“美国传教士”。谢立山为英国领事官，多次在中国旅行，并撰写旅行记和报告，包括以中国东北为主题的《满洲》(*Manchuria: Its People, Resource and Recent History*)。

组成的车队，耗费了 13 天时间。当地气温通常达到华氏零下 34 度。令人惊奇的是，短短 15 年后，乘坐相对舒适的火车走完同样的路程只需要大约 1 天时间，而且从黄海的旅顺口直通莫斯科的定期客运火车也开始运营。

1897 年俄国承建的贯通外贝加尔与太平洋地区的中东铁路早期路段，正式拉开了东北铁路建设的帷幕。艰苦的建设条件、落后的管理、腐败，以及技术工人短缺问题造成了延误，这条东西走向的铁路线最终于 1903 年完工。[8] 1906 年日俄战争结束后，日本组织了"南满洲铁道株式会社"，在位于辽东半岛的所谓日本租借领土上建设铁路。著名日本博学者后藤新平领导"南满洲铁道株式会社"，整个铁路项目在日本对中国东北的殖民政策中处于中心地位。[9] 实际上，铁路在外交和地缘政治层面的重要性受到广泛认可。英国外交部 1909 年的年度报告提到，"鉴于日本和中国双方于 1909 年夏达成八项重要共识，可认为两国关系的历史在实质上已经无异于在东北地区进行铁路建设的历史"。[10] 东北对清政府方面来说，同样是铁路开发的重点。1910 年，中国的铁路实际运营里程约 8697 公里，其中接近半数的 3916 公里位于东北。然而，这些东北铁路线路的三分之二处于日本或俄国控制之下。[11] 这些铁路线被称为东北铁路系统，实际上却毫无系统之实：绝大多数铁路线的修建是按照英国标准的宽度 4 英尺 8.5 英寸，部分是按照 5 英尺的俄国标准，部分为 1 米（39.4 英寸），部分为 30 英寸。[12]

鼠疫发生之前的政治分裂

与东北铁路紧密联系的还有战争的创伤。实际上，这里发生过两场战争。中国对朝鲜拥有的名义宗主权，最早在 1637 年建立，1894 年开始直接受到来自日本的挑战。日本签订条约承认朝鲜为完全独立的国家，受到清政府的坚决抵制。随后引起的武装冲突从朝鲜扩散到中国东北，然而几乎让所有人都意外的是，面对刚刚实现现代化的日本军队，清朝军队根本不是对手。败给被他们嘲讽为“东方侏儒”或“东方海盗”的日本人，让中国人倍感屈辱，绝望和危机感，以及对国内改革的需求陡然增加。这次战争主要发生在朝鲜和中国东北，于 1895 年告终并在日本城市马关谈判签订相关条约。

闻名遐迩也好，臭名昭著也罢，《马关条约》的最初条款是强迫中国向日本无条件永久割让东北地区南部的大部分土地。日本染指东亚大陆的这一据点，以不同的方式威胁到了俄国、法国与德国的利益。[13] 三国政府共同努力（也被称为“三国干涉还辽”），随后又有西班牙加入，这些欧洲强国“以诚挚友谊的精神”给日本施压，[14]迫使日本接受《交收辽南条约》，放弃其强烈的对中国东北的领土要求，但是日本仍获得了台湾和澎湖列岛，以及超过清政府岁入三倍的赔款。在某些历史学家看来，这些赔款，再加上八国联军侵华强加的额外赔偿，以及大量外债的利息，削弱了中国在整个 20 世纪的发展与现代化，同时也使得日本能够稳定其货币体系并于 1897 年采用金本位制。[15]

俄国在中国东北的政策

俄国对甲午中日战争的外交斡旋，动机在于其新近调整制定的以泛西伯利亚铁路为基础的太平洋战略。水深不够、经常淤积，使得中亚与东亚的河运方式完全不可靠，因此俄国在该地区的任何长期发展都要求必须建设铁路。伴随着俄国在太平洋博弈舞台的登场，这种认识于 19 世纪 80 年代在圣彼得堡逐步得到发展，并且得到财政大臣与御前官员谢尔盖·维特的推动。沙皇亚历山大二世指定其子，也就是未来的沙皇尼古拉斯二世，负责西伯利亚铁路委员会事宜，以示俄国官方对此事的重视。1891 年，俄国动工建设泛西伯利亚铁路，最终目的是连接早已取得的太平洋港口城市海参崴。甲午中日战争发生之前，俄国已经将铁路线延伸到了外贝加尔地区，从那里到海参崴的路线仍未明确。谢尔盖·维特建议选择穿越中国东北地区的直线路径，否则就要在黑龙江以北的地方修建大的弯线，而穿越东北地区又必须获得中国方面的让步。俄国代表中国进行外交斡旋，从日本方面获得退让协定，也为自己获得了最为及时和合理的借口，提出建设穿越中国东北和横贯亚洲的铁路线路。

俄国在远东地区扩张主义的成果之一，是可以通过铁路到达海参崴和太平洋海岸往南更远的某座不冻海港。1895 年 8 月，俄国勘测员组织远征队进入中国东北探测该地区的铁路线路。此举没有与中国官方商议，也不为后者知晓。同年 10 月，俄国向中国提出要求，希望许可这样的勘测队伍。经过为期数月的谈判，清政府认识到自己已经无力独立承担铁路建设，遂于 1895 年 12 月表示默许。截至 12 月，前期派出的俄国勘测队显然早已完成勘测报告，为中东铁路东西走向到海参崴，以及南部支线到毗邻渤海湾大连的旅顺港标出了建议的建设路线。

因此，清政府和俄国于 1896 年签订日后所称的《中俄密约》。这项条约直到 1910 年才被公布，规定清政府向俄国割让贯穿东北的一块土地，供其修建铁路、管制土地，以及建设双方共同抵抗日本的防备设施。[16] 1896 年 9 月，清政府与俄国正式签订关于铁路项目的条约。这一条约含糊不清，规定了由中俄共同成立公司负责中东铁路建设，同时赋予该公司几乎毫无限制的权力，可以管理铁路沿线地区的土地，以及开发这一区域所有的丰富自然资源。80 年使用期限结束之后，铁路所有权将自动让渡给清政府，或是在 36 年以后通过赎买获得。1897 年 8 月，启动仪式后，铁路动工。然而，由于工作环境艰苦、管理不善、贪污腐败、工作强度高，以及或许最为重要的技术工人稀缺因素，铁路建设进展缓慢而艰难。尽管如此，铁路的东西向路段还是在 1900 年开始运行，1903 年项目完工。几乎是在突然之间，东北的交通、经济和文化发生了让人难以接受的巨大变化。显然，中国人已经意识到，俄国现在拥有的直通铁路线路不仅仅是为了在东北做生意，更为重要的是进行军事上的渗透。正如迈克尔·亨特指出，“在中国的任何地方，铁路带来的影响都比不上在东北这样的巨变”。[17] 自始至终，俄国人很明显都是在主导这个名义上的合作工程。作为俄国主导该项目的例证，铁路的轨距都是按照 5 英尺的俄国标准，而不是中国和朝鲜通行的 4 英尺 8.5 英寸。

俄国在中国的另一作品，或许是位于蒙古与海参崴之间的哈尔滨。1895 年，中东铁路的俄国勘测员们沿着松花江来到一座大约有六户人家和一家槽坊的中国渔村，在他们的地图上标名为卡宾（Khaabin）。[18] 在 1897 年至 1898

年期间的某个时间，这支队伍决定在该地建立他们修建铁路工程的基地，这个工程成为1910年之前在中国境内的最大外国投资项目。哈尔滨变成一座真正具有俄罗斯风格的城市。从一开始，它的建筑就带有当时俄国流行的经典或新艺术运动风格；俄国控制的铁路公司拥有城市95%的土地所有权。[19]城市人口迅速增长，从1901年的1.2万人增加到1903年10月的6万人。[20]据报道，1910年单是在外国人口中就已经有4.4万印欧人。[21]作为中东铁路沿线的主要城市，哈尔滨注定要成为遭受鼠疫冲击的第一座城市，也是抵抗鼠疫从东北边境的最初暴发点向外扩散的第一座堡垒。

然而，铁路不是地缘政治焦点的唯一载体。1897年11月，德国希望在中国获得一座海军基地，占领了山东省的港口城市胶州。此前的中俄条约给予俄国对胶州海港的使用权，中国遂向俄国请求帮助驱逐德国人。然而，当时的中国方面不知道的是，德国在占领胶州之前已经得到了俄国的默许。部分俄国远东专家，特别是外交大臣穆拉维夫伯爵，认为时机已经成熟，俄国必须为自己取得一座中国港口城市，最好是旅顺口或附近的大连。此举受到谢尔盖·维特的反对，他认为这样贸然的行动会削弱自己努力维系的与中国人的良好关系，特别是涉及横穿东北的泛西伯利亚铁路建设项目。

在圣彼得堡的沙皇尼古拉斯二世收到穆拉维夫的报告——后来才发现这是虚假情报。报告称，英国舰船已抵达中国北方海域，如果俄国不采取及时行动，英国人将占领旅顺口。鉴于这份报告，沙皇下令于 1897 年 12 月占领旅顺口和大连。在受到丑闻和贿赂影响的数次谈判之后，清政府和俄国于 1898 年 3 月签订条约，向俄国提供旅顺口 25 年的租借期限。[22] 俄国同时抓住机会修建从大连到旅顺口的中东铁路南部支线，即泛西伯利亚铁路的中国东北路段。具有重要意义的是，俄国申明修建这段铁路"永远不会以任何形式作为夺取中国领土或侵犯中国主权的借口"。[23] 1910 年商议东北鼠疫防控措施的过程中，这项条款重新浮出。最初的条约文本在 1898 年 5 月和 7 月经过数次修订，其中一条是建立中东铁路的南部支线，并由俄国控制铁路沿线活动。通过中东铁路公司，俄国显然控制了大连国际港口的海关业务。实际上，俄国决定将大连建设成为自由贸易港，在俄国管辖的租界不设立任何中国的海关。

俄国对中国东北的侵占政策，影响到了其他国家的利益。法国和德国不持反对意见，英国眼见自己被排除在外，开始寻求在某些中国港口获得权利，"在渤海湾维持的势力平衡，目前受到俄国占领旅顺口的危及"。[24] 日本的反应非常克制和务实。它希望俄国在取得太平洋的不冻港口之后，停止干涉日本在朝鲜的庞大利益。

俄国人将旅顺口视为他们在太平洋地区长期寻求的不冻港海军基地。国际社会对在中国东北建设商业港口的需求，让俄国选择在旅顺口军港对面的大连开发并建设一座重要的商业城市。1898 年，大连只是一座小渔村，但是随着俄国人和日本人的先后到来，经过规划和建设，最终发展成为“东方最好的城市之一”。[25]

1897 年德国占领胶州和青岛之后，中国历经苦难。西方列强对中国领土的巧取豪夺，对中国和列强两方都造成复杂而又矛盾的后果。处于慈禧太后统治之下（清朝从 1644 年开始统治中国）的北京保守政府，既腐败又无能。外交事务被委派给包括李鸿章在内的能力出众但级别高低不同的官员们。1900 年，义和团运动从发源地山东扩散到北京和天津两地。这场“仇外”运动目的在于将所有外国人赶出中国。他们的运动受到清政府的支持（但是遭到地方大员的反对），清政府于 1900 年 6 月向外国列强正式宣战。1900 年 6 月到 8 月，德、法、英、日、俄、美等联军占领天津，开始向北京进发，于 1900 年 8 月中旬劫掠了这座城市。这些事件的后果，或许并没有被先知先觉的亨利・亚当斯夸大其辞，“1900 年夏在北京上演的这一幕，在一位学生的眼中，是可供研究的最为重要的内容，因为这一事件迅速将他带入为争夺中国控制权而不可避免的斗争，而这又决定了世界的控制权；从货币价值来看，中国的陷落在巴黎和伦敦主要表现为中国瓷器的灾难。明代花瓶的价值要比全面开战更为重要”。[26]

义和团运动给俄国在中国东北的进一步扩张提供了借口。在“恢复秩序和稳定”的大幌子下，俄国在联军攻陷北京的当天吞并了黑龙江右岸的中国领土。俄国军队迅速地占领了牛庄和哈尔滨等东北重要城市。另外一座重要城市奉天，变为俄国和清政府共同管辖。1901 年，中国东北不再是俄国的“势力范围”而已，而是已经成为俄国的“占领区”。

美国的角色：“门户开放”

俄国对中国东北的实质性占领，受到其他列强的高度关注，它们关心的是通过与俄国或中国的秘密外交谈判获得领土特权。正如在之前的几次危机中，列强之间的相互猜疑避免了中国被瓜分的结局。[27]英国特别关注俄国在中国东北的各种举动，组织其他国家支持中国，让中国能够结束义和团运动，无需官方承认俄国在中国东北的“管辖权”。“门户开放”政策的制定者、美国国务卿约翰·米尔顿·海伊（海约翰），努力维持所有竞争国家在其对华关系中的均等状态。海约翰1899年通过递交外交照会推行这些政策，敦促列强追随美国宣布它们各自的利益对其他国家维持“门户开放”。海约翰的照会表述模糊，以至于相关各国均明确接受。[28]然而，到了1902年，英国与日本协定的单独签订，实际上是承认在中国势力影响的“特别”区域，海约翰的门户开放政策已成乱局。重新从海约翰的朋友亚当斯的视角来看，“海约翰已经到达其事业的高峰，正处在悬崖边缘。致力于保持中国‘开放’的任务，他看到的中国却是即将封闭。他几乎是世上唯一一个‘门户开放’政策的代表，无法逃离被其压垮的结局”。[29]不过正如亚当斯指出，好运伴随了海约翰好些年。欧洲人的兴趣容许海约翰保持对中国采取共同政策的表象。1903年春，“俄国将欧洲和美国纳入其股掌，喀西尼（时任俄国驻华盛顿大使）将海约翰纳入掌控。西伯利亚铁路击退了所有可能的反对方。日本必须争取最佳谈判条件；英国必须继续退让；美国和德国将旁观巨变。俄国人缺乏活力的壁垒阻碍了欧洲渗透波罗的海地区，阻挡了美国跨越太平洋；海约翰的门户开放政策注定失败”。[30]可以理解为何美国人的注意力集中在“东北问题”，特别是西伯利亚铁路上。

有了英国和日本联盟力量的支持，以及在朝鲜和中国东北寻求经济扩张的动力，日本首先向俄国寻求对这两个地区的权力分享。当外交斡旋失败之后，日本于1904年2

月 8 日派出海军突袭旅顺口，2 月 10 日对俄正式宣战，直接挑战了对中国东北的“门户开放”。所谓的日俄战争的结果，众人皆知。出乎所有人意料的是，日本成为绝对的战胜方，击垮了不可一世的沙俄军队。

在这次战争结束之后，美国的介入使它获得第一次重要的国际外交胜利，表明它已经作为不容忽视的重要力量出现在国际舞台。因此，这也标示着美国在外交上的成长。海约翰身患绝症之后，西奥多·罗斯福总统 1904 年亲自上阵制定美国外交政策。他关心的是保持在东亚地区的权力平衡，以及支持中国对东北的控制。在战争开始的第一年，日俄双方均认为自身稳操胜券。但是，日本在 1905 年的几次关键战役中取得了决定性的胜利，沙皇尼古拉斯二世担心继续这场不受欢迎的战争可能导致国内革命和自己的统治被推翻，双方在 1905 年 6 月初同意接受罗斯福的调停建议。罗斯福选定新罕布什尔州的朴茨茅斯作为谈判地点，部分是出于补给的后勤考虑，因为这个地方靠近跨大西洋电报电缆的一个终点，部分是因为在 8 月约定谈判开始的时间，华盛顿热得让人难以接受。

《朴茨茅斯条约》的谈判双方代表为谢尔盖·维特与小村寿太郎。颇具讽刺意味的是，谢尔盖·维特作为资深俄国政客，也是跨西伯利亚铁路的设计者，从一开始就坚决反对这场战争。小村寿太郎时任日本外交大臣，毕业于

图 2.1 名为“中国蛋糕”的法国明信片

这张明信片讽刺性地描绘了 1905 年朴茨茅斯和平谈判会议的结果。从左开始依次为德国皇帝威廉二世、法兰西共和国总统埃米勒·卢贝、俄国沙皇尼古拉斯二世、日本明治天皇、美国总统西奥多·罗斯福，以及英国国王爱德华八世

哈佛大学法学院。罗斯福因为对双方谈判的调停贡献，被授予 1906 年诺贝尔和平奖。他授权第三助理国务卿赫伯特·亨利·戴维斯·皮尔斯（Hebert H. D. Pierce）出席谈判会议。1905 年 8 月底，双方对《朴茨茅斯条约》的条款达成一致，在几个月以后又对数项子条款进行修正。该条约的重要事项主要包括：（1）将俄国在辽东半岛口的租界转让给日本；（2）允许日本对朝鲜进行全面控制；（3）将除辽东半岛、旅顺口和大连租界以外的所有占领区交还中国；（4）恢复日本对库页岛南半部的控制。《朴茨

茅斯条约》另有几项条款特别针对东北铁路问题：日本获得南满铁路（从长春到旅顺）的控制权，第七款规定双方同意“自行开发东北铁路，只能用于商业和工业用途，决不允许用于战略目的。双方同意此项限制不适用于受辽东半岛租界影响的地区的铁路”。[31]

这项条款对日本和俄国处置 1910 年鼠疫来说是一个至关重要的因素。这一条款，再加上对同等待遇原则与最惠国身份的强调，成为将来东北诸多商业政策的基础。耐人寻味的是，为了“保护”交战国家在东北的铁路线，允许各国驻守一定数量的铁路护卫，第三子条款明确具体限制为平均每公里不超过 15 名护卫。很明显，双方均认识

图 2.2　中国控制中东铁路的和平“战利品”

出处为 1905 年 8 月底特律《晚报》(*The Evening Press*)；重印于《时尚芭莎》杂志（*Harper's Bazaar*）

到以铁路护卫遮掩将来军事升级的潜在目的。

日本在中国东北的政策

从一开始，日本就认识到铁路可以长期影响中国东北的关键作用。自甲午中日战争与《马关条约》签订之后，日本侵占台湾，对中国东北的战略在很多方面进行了调整。一方面，前任台湾总督府民政长官后藤新平成为日本在中国东北政策的幕后设计者。后藤新平曾经作为日本驻台湾总督儿玉源太郎将军的重要副手，发展可以在中国东北重复使用的各种殖民理论与手段。[32] 这些策略主要依靠所谓的两项基本原则。一要“尊重”当地习俗和政治传统，二要“鼓励”发展和推广现代设施，加强铁路、蒸汽船航线、邮政电报服务、医院、学校和公路建设。他同样提倡有效和务实的警察管理体制。

后藤新平在日本和德国接受医学教育，22 岁时就被任命为名古屋市爱知县立医院附属医科学校的副校长。他是日本医学教育与医疗卫生的激进改革者，因为明确主张实施公共健康改革措施而闻名。一次偶然机会，他负责治疗一位在刺杀未遂事件中受伤的日本核心政客，获得了在日本政坛快速上升的机会。他因为激进主义与热情，被某些人称为“进谏狂人”。[33]后藤新平受到先进德国学术的深厚影响，强调解决问题的“研究”力量。1895年，他被委任负责甲午中日战争之后日本军队回国的防疫项目。他运用新兴的生物细菌学知识成功控制了1895年6月暴发的严重霍乱，因此得到日本天皇的单独召见并作当面汇报。

中国东北南部的铁路是日俄战争的战利品之一，日本想方设法地开发利用这一重要资产。其中一项重要的议题就是铁路归民用或军用控制的问题。后藤新平积极地提倡对中国东北铁路的民用开发计划，以图垄断欧洲列强与亚洲的贸易，获取对东北农业的控制。他的构想尽管不是首次提出，但与其导师儿玉源太郎将军的想法极为相似，后者在《朴茨茅斯条约》签订之前就已经为管理中国东北设计好了方案：“东北战后最为核心的政策是要在管理铁路公司的名义下推行一系列的秘密项目。南满洲铁道株式会社必须装作与政治或军事毫无瓜葛。”[34] 1906年1月，儿玉源太郎被任命为满洲经营调查委员会委员长，同年7月他又成为“南满洲铁道株式会社”的委员长。在儿玉源太郎突然死亡之后，后藤新平于1906年7月31日继任“南满洲铁道株式会社”总裁，立即开始执行“文装的武备”（Bunsótelo bubi，在文化项目背后的军事准备）激进计划。[35]伊东武夫记录了后藤新平对此的观点。

> 简单来说，殖民政策就是文装的武备，执行举王道之旗行霸道之术。这样的殖民政策在我们的时代不可回避。那么，为贯彻到底，我们必须采用何种措施？
>
> 我们必须以中央试验所推进文化侵略，为当地人口提供民粹教育，构建其他学术和经济联系。侵略这个词可能让人不太舒服，但是“语言”以外，我们可以称我们的政策为文装的侵略……有些学者曾经说过，统治的秘诀就是要利用人的弱点……自古以来统治的秘诀就在于抓住人类生活方式的那些弱点，整个历史均是如此，它与殖民政策休戚相关。[36]

在后藤新平 1908 年 1 月分别在大连和东京成立“南满洲铁道株式会社”的研究所（随后改为中央试验所）之后，日本在中国东北的文化侵略开始变得务实。它的使命是开展一系列主题的研究，比如中国东北的旧风俗、中国东北和朝鲜的历史和地理、中国东北的经济状况，注重殖民事业的实用价值。后藤新平同样强调实用性：他为“南满洲铁道株式会社”的职员印制相关指引，告知他们如何对待当地顾客，以及印制宣传册指导职员在家做好健康和卫生事务。最为重要的是，他在任期内开展铁路重大修缮与修建，以及公共设施的建设项目。[37]

以先前的俄国战略为模式，“南满洲铁道株式会社”在铁路沿线区域的城市地带开发建设医院和诊所。截至 1916 年，“南满洲铁道株式会社”共经营 14 家医院。这些医疗机构为外国居民与当地人口提供治疗。后藤新平本人最钟爱的项目就是在中国东北成立了一所医学学校，由日本和中国政府合作经营。位于沈阳的南满医学堂 1911 年正式开学。正如后藤新平日后指出，医学堂的成立有助于在整个东北南部传播日本人的影响，进一步推动他本人关于“文装的武备”的观念。[38]

因为俄国与日本在朴茨茅斯达成的条约完全无视中国在名义上对东北的领土主权，中国与日本对南满铁路的共同管理就成为有待解决的一项政治利好。1907 年夏，后续的部分协定陆续出台，其中包括中国让步同意日本重新修建从安东到奉天的军用“轻型铁路”，同时成立中日合资的林业公司，沿鸭绿江开发林业资源。然而，更为重要的是，另有一项“秘密协定”允许中国修建从长春到吉林的铁路线路，同时禁止修建任何与日本南满铁路竞争的平行线路或支线线路。中国东北的铁路发展迅速，而协定的最后一条很快又造成中国与日本之间新的矛盾。

中国在东北的政策

尽管东北是清朝统治阶层的祖先之地，清政府到19世纪后期至20世纪初期才积极制定新的政策，使这一地区发展和融入中国主流。在中国的东北战略中，核心部分就是铁路。

铁路被视为开发东北腹地自然资源和维持列强势力平衡的途径。19世纪的中国处理与外部列强的关系，是通过多边条约体系，以及长久以来实施的“以夷制夷”的外交手段来维持利益竞争的平衡状态。通过支持“门户开放”政策，利用美国的优惠条件，中国在西方规则下努力促进贸易、抵制外部列强的领土野心，最大程度地争取贸易收入，同时最小程度地降低长期的政治与军事风险。[39]

中国在东北和其他北部边疆地区的基本战略目的在于阻止俄国与日本的影响渗透，不仅通过鼓励汉族人进行开发，而且借助当地满族与蒙古族的合作。开拓政策与中国“发展”东北的设想是一致的，特别是鼓励游牧业向更具生产效率的定居农业的转型。[40]20世纪早期的铁路给这些地区执行开拓政策提供了新的活力。铁路建设需要的不仅是从南方来的汉族移民，还有穿过渤海湾而来的务农者、流动猎人、小商贩，他们加入到正在增长的当地汉族定居者，由此使满族人的传统故乡更加汉化。

1908 年慈禧太后与光绪皇帝驾崩，中国的政治领导层陷入混乱。事先选定的幼童皇帝登基，大权落入监国摄政王、他 26 岁的父亲醇亲王载沣之手。外界普遍认为醇亲王无法胜任，他因而迅速将自己信任的亲属、朋友，以及长期的下属塞满他的政府。因此，东北的领导层同样发生了变化。1909 年，具有蒙古族血统的清政府元老锡良被任命为东三省总督，他为人一丝不苟且广受敬重。锡良不是传统意义上的中国人，但是他仍然能够与外国人建立良好的关系，在当时的环境里被视作最为进步的清政府大臣之一。[41] 锡良很快就认识到，他的主要任务在于制约俄国人，特别是日本人在东北的举动。日本人抛出自行解释的《朴茨茅斯条约》与 1905 年的《中日会议东三省事宜条约》，在东北推行明目张胆的殖民政策。许多悬而未决的争议为日本扩张势力提供了机会。

在中国与日本之间有一项关键争议，涉及的铁路项目是升级改造从安东到奉天的所谓安奉线。线路改造的提议是按照标准轨距建设，这将对东北带来显著的商业利益，同时也可以为从朝鲜运送日本军队进入中国东北提供一条额外的路线，这条路线在当时基本上是完全处于日本控制之下。锡良主张对该条约进行字面上的解释，只是允许对铁路线的“改造完善”，而不是日本人期望的“重新建设”。此外，锡良寻求日本人同意撤除安奉线沿线的所有日本军队和警察。简而言之，锡良的目的在于实现日本在中国东北的非军事化。遗憾的是，锡良没有得到北京外务部上级的强力支持，他在与日本驻奉天总领事的谈判中被迫接受日本方面对1905年条约的大多数解释条款。

通过这样的外交手段不能阻挡日本的势力渗透，锡良转而加强中国方面的力量。他随即推行计划寻求银行支持，将中国内部的铁路建设作为发展重心。当时的东北过于贫弱，不能筹措所需的资金，锡良为此寻求外债。这项建议最终得到北京方面的批准，再次成为平衡各国势力的手段。锡良用生动的语言描述，“倘若不在两国（俄国、日本）的铁路线之外另筑铁路，一旦大难当前，我们自救乏术。此景有如血管切开，躯体徒存，然回天无力”。[42]

在锡良来看，他寻求外国投资的动力，对中国作为大国的经济生存而言可谓至关重要。锡良不仅充满远见地意识到发展铁路是基础设施建设的重要部分，同时还主张币制改革。[43]这些努力之后有多次时明时暗、曲折和复杂的谈判过程，引人注目，但不是本书的中心内容。最终，数次偶然事件的交汇挫败了锡良颇具英雄气概的种种努力：清政府的覆灭，对美国银行家的误解，以及锡良的美国谈判对象——被称为“中国通”的司戴德（维尔拉德·斯特雷特），在政策和决心方面均超出了美国国内的授权范围。[44]

1907年是《朴茨茅斯条约》条款要求的执行时间。然而，此后很长一段时间内，中国东三省的重要铁路线仍然分别处于日本、俄国和中国三个国家的控制之下。借助尚未全面实现的"门户开放"构想，美国在中国东北具有潜在的重要利益。中国对东北的领土只有名义上的控制。正是在这个复杂的区域，在那样的艰难岁月，鼠疫以最为凶险的形式暴发，产生了历经数个世纪才能认识清楚的各种报复效应。

注释

1 Mo Shen, *Japan in Manchuria: An Analytical Study of Treaties and Documents*（Manila: Grace Trading Co., 1960），13.

2 Paul H. Clyde, *International Rivalries in Manchuria, 1689—1922*（Columbus: Ohio State University Press, 1928），13.

3 Rosemary K. I. Quested, *Sino-Russian Relations: A Short History*（Sydney: George Allen and Unwin, 1984），71—77.

4 Pamela Kyle Crossley, *The Manchus*（Oxford: Blackwell, 1997），157—165.

5 同上，第156—157页。

6 恭亲王（1833年1月11日—1898年5月29日）为清皇族成员，当时被普遍称为六王爷。他与西方人士维系牢固友好关系，因致力中国现代化而闻名。在两位皇太后支持下，恭亲王在19世纪80年代之前掌管国家大权，但是后因冒犯皇太后被降职。19世纪90年代，在同父异母兄弟醇亲王奕譞逝世以后，慈禧太后要求恭亲王重返朝廷，但是恭亲王随后不久离世，没有能够推动所需的各项改革来挽救濒临崩溃的清王朝。

7 Alexander Hosie, *Manchuria: Its People, Resources, and Recent History*（Boston: J. B. Millet, 1910），191—238.

8 Rosemary K. I. Quested, *"Matey" Imperialists?: The Tsarist Russians in*

Manchuria, *1895—1917*(Hong Kong: University of Hong Kong, 1982), 91—100.

9 Joshua A. Fogel, “Introduction,” in Itō Takeo, *Life Along the South Manchurian Railway*: *The Memoirs of Itō Takeo*, transl. Joshua A. Fogel(Armonk, N.Y.: M. E. Sharpe, 1988), vii—xxxi.

10 British Foreign Office, *Annual Report*, *1909*, British Documents on Foreign Affairs, pt. 1, ser. B, Asia, vol. 9, pp. 136—137.

11 George E. Anderson, “Railway Situation in China,” *Special Consular Reports*, *no*. 48, U.S. Bureau of Manufacturers, Dept. of Commerce and Labor (Washington, D.C.: Government Printing Office, 1911), 9.

12 同上，第 10—11 页。

13 Clyde, *International Rivalries*, 34—37.

14 同上，第 34 页。

15 Jacques Gernet, *A History of Chinese Civilization*, 2d ed. (Cambridge: Cambridge University Press, 1996), 610—613.

16 Clyde, *International Rivalries*, 57.

17 Michael Hunt, *Frontier Defense and the Open Door*: *Manchuria in Chinese-American Relations*, *1895—1911* (New Haven: Yale University Press, 1973), 11.

18 David Wolff, *To the Harbin Station*: *The Liberal Alternative in Russian Manchuria*, *1898—1914* (Stanford: Stanford University Press, 1999), 17. 哈尔滨的满语意为“晾晒渔网的地方”。

19 同上，第 18—19 页。

20 Quested, *“Matey” Imperialists?* 100.

21 Wolff, *Harbin Station*, 18.

22 Sergei Witte, *The Memoirs of Count Witte*, trans. and ed. Abraham Yarmolinsky (London: William Heinemann, 1921), 103—104.

23 Clyde, *International Rivalries*, 72.

24 *Parliamentary Papers*, *109*, 1899, no.2, quoted in Clyde, *International Rivalries*, 74.

25 Clyde, *International Rivalries*, 79.

26 *The Education of Henry Adams*, vol. 2 (New York: Time, 1964), 175.

27 Frederic Wakeman, Jr., *The Fall of Imperial China* (New York: Free Press, 1975), 220—221.
28 Kanichi Asakawa, "Japan in Manchuria," pt. 1, *Yale Review* (August 1908): 187—188.
29 Adams, *Education*, 225—226.
30 同上，第 229—230 页。
31 "Treaty of Portsmouth," 英文全文载于 Peter E. Randall, *There Are No Victors Here! A Local Perspective on the Treaty of Portsmouth* (Portsmouth, N.H.: Portsmouth Marine Society, 1985), 95—100。
32 Yukiko Hayase, "The Career of Got ō Shinpei: Japan's Statesman of Research, 1857—1929," Ph.D. diss., Florida State University, 1974, 42—43.
33 同上，第 12 页。
34 Tsurumi Yūsuke, *Gotō Shinpei* (后藤新平本人授权的自传版本)(1937 第一版；Tokyo: Sōkei Shobō, 1966 重印), 2: 651 [日文版]; 翻译引自 Hayase, "Career of Gotō Shinpei," 107。
35 Itō Takeo, *Life Along the South Manchurian Railway: The Memoirs of Itō Takeo*, transl. Joshua A. Fogel (Armonk, N.Y.: M. E. Sharpe, 1988), 14.
36 同上，第 viii 页。
37 Hayase, *Gotō Shinpei*, 112—115.
38 同上，第 125 页。
39 Yoshihisa Tak Matsusaka, *The Making of Japanese Manchuria, 1904—1932* (Cambridge: Harvard University Asia Center, 2001), 3.
40 Hunt, *Frontier Defense*, 5—11, 246.
41 Roger V. Des Forges, *Hsi-liang and the Chinese National Revolution* (New Haven: Yale University Press, 1973), 188.
42 引自 Hunt, *Frontier Defense*, 199。
43 Des Forges, *Hsi-liang*, 153.
44 Hunt, *Frontier Defense*, 259—263.

第三章

鼠　疫

不间断暴发的鼠疫已成常事，因此1910年至1911年满洲里发生的鼠疫在初期未被发现，本身并不奇怪。我们现在仅有的文字描述，只能基于俄国在满洲里的铁路管理机构，然而他们提供的是对初期常见问题的描述，后来这些问题迅速升级失控。当时控制鼠疫的唯一途径就是隔离，以及对大量疑似病症人口进行不同层级的免疫。在瘟疫发生初期，俄国在满洲里共有9名医生、26名助手、76名护士，以及其他卫生人员。[1]该地区经常发现腺鼠疫的零星病例，但是在1910年鼠疫暴发前的整整一年期间，在铁路沿线区域、蒙古或西伯利亚的外贝加尔地区，没有发现任何病例。然而，1910年9月开始，传言在满洲里附近区域的捕鼠人中出现了吐血疾病。10月25日星期二，满洲里的俄国医生接诊检查了两名“肺部发炎”的中国人；当晚，其中一名病人死亡。[2]俄国医生在满洲里进行了尸检和细菌分析，作出了肺鼠疫的诊断。10月26日星期三，又有9名中国人被发现死亡，明显是因为同一种疾病。[3]

10 月 27 日，满洲里的俄国机构通知了铁路沿线的国际外交代表，并且启动疫情的监控程序：在满洲里设立了卫生行政特别委员会，设立检查站监控与鼠疫病例的疑似接触。当时惯行的两条诊断标准是体温升高（即发烧）与咳血（咳嗽带血）。这些接触者最初被安置在中东铁路医院的隔离病房。但是，到了 11 月 2 日，约有 270 人需要被隔离，需要将火车车厢改造成临时的隔离屋。[4] 这些车厢被固定在单向的铁路端，每节容纳 25 人。如果五天内未有新增死亡病例，隔离者则被解禁。如果有新增病例，他们将被转移到医院，剩余的隔离者则被转移到另一节车厢继续接受隔离观察，并对原来的车厢进行消毒。

俄国方面指派 6 名俄国医生每天检查两次。中国地方官员对当地居民登记造册，指定专人对中国人居住区域进行鼠疫病患排查，并及时上报俄国医疗委员会。因为中国人居住区域的人口密度大，且无业或流动人员数量众多，这项任务的难度加倍。11 月 25—12 月 10 日期间，超过 1.4 万的无业中国人被送到 25 公里以外、距离更远的齐齐哈尔，富裕阶层只需要在满洲里接受隔离。中国人对这项工作最多算是将信将疑。他们不太理解隔离和防疫的需要，较为抵制这些措施。病人和尸体被抛弃在大街上，已经无法追溯有哪些接触者。而且，很多中国人拒绝接受用不熟悉的口腔体温计测量体温。有时为了测量，医生会要求他们迅速撤离用于隔离的火车车厢，在这样的情况下，行动缓慢的人将会接受病症检测。面对逐渐蔓延的瘟疫，这种原始的检测手段成为必要。在采用这些措施之后，每天的死亡率逐渐降低。1910 年 12 月 22 日，满洲里最后一批隔离者被解禁。[5] 根据俄国铁路医生记载，满洲里附近的估算死亡病症为 483 例，但是据悉在铁路管辖区之外有更多的未被上报的死亡病例。[6]

这场疫情自开始就被认为是肺鼠疫，而不是更常见的腺鼠疫。在疫情后期，对这一问题的认识出现了某种混淆。尽管在初期就已经确信是肺鼠疫，执行的常规措施却是针对老鼠（以蚤虫为媒介的腺鼠疫携带者）。[7] 当地的俄国医生根据他们对黑龙江地区的地方病知识，直接怀疑旱獭是这次鼠疫暴发的病源。美国驻哈尔滨领事顾临认为，近期事件的源头在于受欧洲旱獭皮草需求驱动导致的当地旱獭捕猎加剧："近年来大量的动物皮毛被运送到欧洲，价格上涨迅猛，导致大量的中国人被吸引到捕捉动物的产业"。[8]

从这一点来看，鼠疫的故事确切地涉及三座城市、三个政府，以及三套体系。当鼠疫沿着东北新铁路线扩散，首先到达的是俄式风格的哈尔滨，接着是中式城市奉天，最后抵达日式城市大连。中式城市夹在俄国与日本在中国东北的势力范围之间，不仅仅是象征意义上的。在一种非常现实的意义上，这种格局折射出当时地缘政治博弈的实质。

满洲里的俄国铁路官员很快就意识到鼠疫可能通过受感染的乘客传播，尝试隔离从齐齐哈尔到哈尔滨的邮政列车的前两节车厢，但是出于某些原因“消息传递出现偏差”。[9]尽管进哈尔滨的第二辆火车受到警察的拦截，停靠辅道的车厢上有超过70位中国乘客受到检查（没有发现任何疾病），病原菌可能早就已经被带到哈尔滨。

鼠疫侵袭哈尔滨

哈尔滨被称为“俄罗斯远东之都”，无论是在医疗或其他方面，应对疫情的设施要比满洲里的边境小镇更加齐全。另一方面，哈尔滨具有大量中国人、日本人与俄罗斯人组成的多样人口结构，另有少量的德国人、奥地利人、希腊人和土耳其人。[10]在总体上，哈尔滨分为两个主要区域：一是俄国和其他国家主导的“新哈尔滨”，二是作为华界的傅家甸。哈尔滨当时要努力解决的，是俄国铁路机构与中国政府在城市运营中相互竞争和重叠的角色。在这个充满矛盾的地区，敏感的外交使得要求统一行动与政策的应对措施变得更为棘手。哈尔滨的大部分区域建立在“铁路租界”，即清政府割让给中东铁路公司并交由俄国管辖的领土。清政府的不同层级官僚，管理着包括傅家甸在内的其他城市地带。当地有一位被称为道台的中国官员，等同于西方意义上的市长，同时作为省级官员巡抚的代表而非民选的当地官员。[11]巡抚这样的体制为地方政府与北京中央政府之间提供了直接的联系。但是，东北的情况比较特别，它是以总督的形式代表朝廷对东三省进行统治。另一方面，俄国采用的是铁路官员与军事官员混合的管理模式。这种体制通常是在基础层面运行，因为俄国势力区域的军事力量被清政府合法且道义的主权所制衡。

顾临时任美国驻哈尔滨领事，后来担任洛克菲勒基金会支持的美国中华医学基金会（The China Medical Board）主任。[12]顾临每两周一次从哈尔滨向美国国务院发送领事报告，记载了哈尔滨的事态发展过程。1910 年 11 月 12 日，顾临报告称，11 月 9 日在哈尔滨发生了第一起鼠疫死亡病例。之后几日，俄国铁路管理方通知顾临，在哈尔滨有 85 人正在“接受观察”。顾临同时报告称，“发现哈尔滨首例病例的‘劳工’营地被焚烧，同时用电网环绕四周防止老鼠从房屋里面逃出”。[13]在美国首封关于哈尔滨鼠疫的通告中，顾临已经向华盛顿方面陈述中国东北鼠疫的政治意义。他提到，德国领事已经发布命令，要求在满洲里的所有德国公民与受庇护者（大多数是由德国庇护的土耳其公民）遵守当地卫生委员会的要求。治外法权的原则似乎要求其中每个国家为本国公民利益而单方面批准或修改中国地方政府为控制鼠疫采取的政策和行动。

瘟疫发生一个月以来，在11月25日感恩节当天，顾临用外交电报特有的简练规范风格写道，“谨告瘟疫扩散且呈蔓延之势”。[14] 他特别指出，

> 傅家甸的情况日渐严重。尽管俄国医生卜大夫（Dr. Roger Budberg-Boenninghausen）在领导抗击疾病的工作，病人的隔离似乎非常不完善，恢复当地正常卫生条件成为关键任务。哈尔滨道台告知在傅家甸出现23例病症12例死亡，他收到的最新消息则是24例病症16例死亡。其称，由当地各阶层居民代表组成的卫生委员会已成立，采取强制性的清洁措施。另有两位俄国医疗人员和十位旧式中医被留下照看这些病人。[15]

顾临继续报告并提醒国务卿菲兰德·C.诺克斯（Philander C. Knox），俄国人正在考虑切断傅家甸与哈尔滨之间的所有交通。他提到在哈尔滨的日报《新生活》（*Novaya Zhizn*，据说是独立于俄国政府）发布消息，“敦促俄国政府调动足够人数的军队进入中国东北，强制推行令人满意的卫生措施”（见图3.1）。[16]

图 3.1 俄国报纸刊载的插图《我们胜利了》(1911 年《新生活》)

到了12月中旬，对中国人采取外交辞令的俄国机构似乎失去了耐心：俄国总督阿凡纳西耶夫将军在俄国报纸发布通告，提出一系列应对鼠疫的措施，其中包括在哈尔滨的华界傅家甸建立军事封锁线，以及对违反者判处死刑。[17]阿凡纳西耶夫对这些措施只是冠以“仅为建议”的标签，他认识到这项提议并没有执行的时间表，实际上也会遇到在哈尔滨的中国人与其他非俄罗斯群体的强烈反对。哈尔滨道台于驷兴提出反对，抗议未经与其本人协商而设立这样的军事封锁，这完全是在侵犯中国的主权。英美两国领事关注的是“格杀勿论”的条款不必要地威胁到他们保护之下的海外国民：英国领事斯莱（H.E.Sly）称，“在该《通告》的其余部分尚未获得批准时，感到要被迫去反对采取可能置大英帝国子民性命于危险的措施。含糊其词的《通告》，其真实意思当然是指任何人如有违反都将遭到枪击或刀刺”。[18]

俄国和清政府面临的主要任务是强制执行隔离和限制人口移动。两国的策略是将感染者与健康者隔开，将潜在携带者与无危险人群分开。被鼠疫感染的唯一可靠迹象是濒临死亡的症状和体征，医学专家们在大规模鼠疫的压力下采取尽可能简单的各种措施：他们将潜在感染者进行群体隔离数天；如果在这一群体中未发现新的病例，所有个体都会被诊断为未感染而被安全释放。面临对隔离地点的

图 3.2　哈尔滨的鼠疫工作者（Thomas H. Hahn Docu-Images）

大量需求，使用火车车厢可以满足数十人同时从五天到十天不等的隔离（见图 3.2）。当然，如果任何一列车厢中发现任何一例鼠疫病症，这就意味着那节车厢中会有其他人死亡，因为在这种移动且恶劣的条件下被困在封闭的空间，肯定会加剧病毒扩散。在那些运气好的人被释放之后，每个人都被带有锡牌的腕带“标识”，表示他已经经过隔离、检查，以及被确认没有携带鼠疫病菌，因此可被允许恢复正常活动（见图 3.3）。

俄国铁路管理方从各地陆续调来了更多的医疗人员。其中有一些是来自西伯利亚托木斯克帝国大学著名医学院的学生。另外，俄国一流的鼠疫研究专家丹尼洛·扎博洛尼也被从遥远的圣彼得堡征召过来。[19]

图 3.3　经过为期五天的隔离与观察之后的中国劳工，手腕戴上铁丝和锡牌表示已经通过鼠疫检查，他们身旁站立的是俄国官员

图片来自《东北鼠疫：1910—1911 年》(*Chuma V Mancjurii V*. 1910-11 g.g)。感谢纽约医学会图书馆供图

俄国方面关注的主要是鼠疫可能向东扩散到海参崴。可能是出于这一考虑，他们集中对中国东北边境和哈尔滨铁路中心区域进行疫情防控。1911 年 2 月初，哈尔滨和满洲里的疫情开始放缓，但是东北其他地方的疫情肆虐，俄国人在外贝加尔地区的伊尔库茨克市召开鼠疫会议。这次会议似乎具有双重目的：在沿中东铁路鼠疫暴发地区工作的俄国医疗人员中分享信息，为控制鼠疫沿铁路线东向和西向扩散提出建议措施。

1911 年 2 月 7 日至 14 日，伊尔库茨克会议召开，该会典型地具有多重目的。在听取从鼠疫“前线”归来的医生做的报告之后，随后讨论的是商业与财政资源，以及政府政治的现状。大多数医疗人员赞成封锁俄国与中国的铁路边境，以此作为控制鼠疫的最为有效的一种方法。还有人争辩说，此举将会妨碍俄国的经济利益，以及俄国在中国东北建立霸权的“步伐”。有些人建议，允许经过医学检查的人们越过边境，但是这样会导致无法接受的医疗费用。此时，大会对关闭边境的建议进行了投票：35 票对 60 票，以失败告终。大会同样讨论了对抗击鼠疫工作的财政支持：在当时抗击鼠疫的大部分财力来自提供给抗击鼠疫委员会的城市资源和部分铁路财政。大会达成共识，俄国政府国库需要提供资金支持抗击鼠疫工作。

2 月 14 日，伊尔库茨克会议闭幕，没有哪位代表感到满意。鉴于大多数参会者都来自伊尔库茨克，与被感染的疫区具有明显的安全距离，这些代表对问题的紧迫性并不关心。政府官员与一线医疗人员的利益冲突也没有得到解决。会议共计采用63项提议，但是它们的范围和影响较弱，在重要性上可能相对微弱，时间上也过于滞后。

这些措施包括限制进入俄国境内旅行（沿铁路线西向），仅限于在选定的部分检查站点，对大多数这类旅行者进行五天的隔离，对不明地区进口的旱獭皮草进行消毒，以及保持对从鼠疫区出口的皮革、皮草、动物和食物的相关规定。有趣的是，会议同样建议在受感染地区进行灭鼠行动。附加条款主要针对的问题是对被感染地区囚犯的处置，在轮船上对乘客和货物的强制隔离，以及建议通过铁路客运车厢而非"常规的"供暖货运车厢转运移民。[20]

俄国在哈尔滨的抗击鼠疫工作大部分是由中东铁路的医生负责，在哈尔滨的中国官方机构也同样积极参与。鼠疫暴发初期的11月，负责哈尔滨的地方官员是于驷兴道台，受命于在奉天的东三省总督。顾临领事并没有太重视于道台，但是至少于道台似乎了解傅家甸情况的严重程度，由此雇用了一位中文流利和熟悉当地海关的俄国医生。[21]东三省总督也注意到事态严重，1910年12月初派来了接受过西医训练的中国医生和日本医生各一名，专程负责傅家甸的医疗工作。这位日本医生刚开始不愿意工作，除非能提供必要的设备和权威性，直到这些要求被满足之后，他才在这座城市的中国人聚集地开展工作。[22]随着俄国威胁对傅家甸周围进行军事封锁，中国官方接受俄国“指导”在傅家甸的卫生措施，接受一位中东铁路医生与一位哈尔滨市政厅成员加入傅家甸卫生委员会。[23]中国人特别敏感的是来自俄国和日本的任何军事威胁。对此，顾临简要地报告，“这里的局势复杂，是因为中国方面担心如果他们要求任何俄国的卫生协助，最终将导致俄国警察对傅家甸的控制”。[24]

东三省总督派来的中国医生伍连德博士，是出生在马来联邦槟榔屿的华人。[25]他出身富裕家庭，早年被送到英国的剑桥大学接受教育，随后进入伦敦的圣玛丽医院学习医学。毕业之后，他在利物浦热带医学院与罗纳德·罗斯工作了一年时间，随后又进入巴黎的巴斯德研究院与德国哈雷的细菌学研究所工作过一段时间。伍连德 24 岁完成关于破伤风的学位论文并获得剑桥大学的医学博士学位。他在英属马来亚家乡无法找到研究职位，只能在槟榔屿开设私人诊所。伍连德是社会改革的拥护者，提倡女性基础教育、剪除发辫、禁止赌博、酒水许可，特别是查禁鸦片。他被殖民地政府列为反英的危险人物。他的生意变得不好，因此 1907 年接受中国方面的邀请担任天津北洋大学医学堂（天津陆军军医学堂）副监督。这所学校是当时为中国学生提供西医教育而新建的学校之一。[26]

1910 年 12 月底，伍连德带领一名高年级医学生林家瑞来到哈尔滨。身为华侨的伍连德，中文（特别是当地方言）不是太流利，因此林家瑞的作用凸显。实际上，伍连德的西式做派，比如他对英语和西服的偏好，似乎使得在哈尔滨的部分西方同事对他颇有微词。[27]

在伍连德到达哈尔滨的第三天，他就设法对刚去世不久的一位妇人进行了局部尸检，发现其肺部、心脏、脾部与肝部呈大面积感染，呈现出鼠疫耶尔森氏菌的形态和染色特征。伍连德因此确信这次疫情的肺鼠疫属性。尽管伍连德与哈尔滨的大多数俄国同事似乎已经达成共识，这次不是腺鼠疫，但是医学报告、外交报告，以及灭鼠行动的那些防疫措施，在这一重要问题上仍然混淆不清。

伍连德博士及其西医团队已经到来，但是傅家甸的鼠疫防控工作仍然摇摆不定。英国领事斯莱 1911 年 2 月初报告称，“在傅家甸，与鼠疫的斗争工作正在更加系统、更加有力地推进，但是预计在短期之内不会出现显著变化”。[28] 作为这种变化的一个具体例证，斯莱注意到伍连德取得的一项重要进展就是获准火葬尸体。但是，顾临领事却没有这么乐观：

> 除了两三个例外，中国人所谓的国外大夫和医疗助手的低效和疏忽据说非常惊人。负责某些新划定辖区的医疗官，尽管已经配备了足够数量的助手，但是在被询问其日常记录的时候，经常无法表明他们在检疫、发现病症与死亡，以及留置接触者等方面所做的实际工作。与此同时，在这一城市每天病死的人数超过100例。这些医疗官中有很多位理应是在上午9点30分汇报疫情，然后继续工作到下午4点或5点，实际上直到接近中午才开始工作，然后经常是在2点或3点离开。同样有理由相信，在政府经费使用过程中存在的浪费和贪污已经达到非常严重的程度。[29]

哈尔滨的部分外国观察家对中国人对待鼠疫的态度并不惊讶，他们注意到中国的流行看法是，认为鼠疫是源自人们被迫吸食了劣质的鸦片，继而归结于近期清王朝的禁烟运动。这样的理论清楚地解释了患病率高的中国穷人只能买得起那些黑市上的廉价鸦片，为数很少的中国富人才能承受高品质鸦片的高价。[30]中国和俄国的纸币也被怀疑是传播鼠疫的渠道之一。纸币通过热蒸汽进行严格杀菌，硬币则用氯化汞进行处理。[31]

截至1911年1月底，中国方面参与傅家甸鼠疫防控工作的有20名医生，以及从天津陆军军医学堂和北京协

图 3.4　1911 年哈尔滨运送尸体的马车明显已经超载（Thomas H. Hahn Docu-Images）

图 3.5　距离哈尔滨一公里，傅家甸一家医院外边，
24 小时内堆积起来的尸体

图片来自《东北鼠疫（1910—1911》，感谢纽约医学会图书馆供图

和医学院来的25名医科大学生。[32] 截至2月中旬，由于俄国和中国方面的鼠疫防控措施，或是因为其他方面的原因，哈尔滨的鼠疫疫情开始消退。哈尔滨的死亡人数从1月最后一周的每天35人下降到2月第一周的每天27人，再到2月第二周的每天21人，傅家甸的对应数据则是从每天147人到每天119人，再到每天74人。顾临领事因而汇报称："傅家甸的局势似乎得到了真正的改善，不仅死亡率在不断下降，而且也明显地采用了更为有效的检疫和防控措施。"（见图3.4和图3.5）[33]

奉天的鼠疫疫情

边境地区和哈尔滨的鼠疫似乎正在消退，然而在奉天和沿哈尔滨至大连的铁路线向南的地方，鼠疫才刚刚出现。在鼠疫向南扩散线路上的三座主要城市中，作为满族人祖先之地的奉天是最中国化的。奉天不仅对于中国统治者来说具有最重要的历史意义，而且也是东北最为古老的城市、东三省总督的驻地。更为重要的是，中国人在奉天可以对抗击鼠疫行使最高程度的主导权力。在奉天交汇的两条铁路线是处于日本控制下的南满铁路与完全由中国控制的中东铁路奉天—北京段。在日俄战争之后，俄国失去了长春南部的铁路控制权并转让给日本，因此俄国人在奉天只剩下残留的影响力，日本在这里的势力尚未形成，直到 1932 年成立“伪满洲国”傀儡政权才有所改变。奉天的卫生条件、当地政府，以及医疗机构更多地具有当时中国城市的特征，受到远离政治中心而形成的地方实用政治的影响，而日薄西山的清政权对此的治理混杂着当地商业利益，其中大部分根源于西方。如果说哈尔滨是由铁路机构管理的“公司城市”，背后是沙皇俄国在支持，那么奉天则是一座缓慢实现现代化的中国古城，这里的西方贸易者、医疗人员和中国官僚们在来年应对鼠疫蔓延方面时有合作、时有矛盾。

1911 年 1 月 2 日周一，在奉天的大街上出现了刚从哈尔滨来的病患旅行者，直接被送到了政府医院。病患第二天死亡，被诊断为鼠疫。[34] 当时奉天的医官王恩绍发现医疗人员短缺，因为其大部分下属已经北上去了哈尔滨协助鼠疫防控。令人惊讶的是，他似乎没有为应对鼠疫扩散到奉天的可能情况事先做出任何准备工作。但是，王恩绍医生此时此刻已经认识到需要采取积极措施，便开始在奉天组织防控鼠疫行动。十天之后的 1 月 12 日，他召集了由医学院学生、警察和消毒工作人员组成的小型队伍。奉天被划分为 7 个地段，每个地段设立 1 个鼠疫办公室，配备 2 位医生、12 名警察、10 名消毒工作人员，以及数名劳工帮助转运病人。

1月12日开始进行门对门的排查，但是因为每个地段的人手不够，他们只能集中排查宾馆、旅店、茶馆，以及流动人群可能聚集的各个场所。奉天其他卫生场所每两天检查一次。鼠疫病患和密切接触者将被立刻送到在奉天西端作为流动防疫站的一座小房子，随后几日当地的三义庙被征用。虽然房屋较小且采光较差，但是这座寺庙是当时可以立即作为临时鼠疫医院使用的建筑物。

1月14日周日，奉天的鼠疫死亡案例仍然是每天4到5例，当地政府决定关闭中东铁路长春到奉天段，防止从北方来的新病例不断涌入。当日最后一趟火车满载的是前往山海关以南回家过农历春节的中国劳工。该列火车上发生了两例死亡，所有478名中国乘客第二天被运回了奉天。鼠疫医院和防疫站已经无法容纳这样大批的人群，他们被分别留置在火车站附近的几家旅馆，并配备看守防止离开。这些旅馆非常拥挤，在严寒的冬季供暖较差，卫生条件极差。在接下来的几天里，这些工人当中许多人死亡。1月23日晚，超过100名留置者破门而出，逃过看守，不知所踪。随后一周内，奉天的死亡率迅速攀升，王恩绍医生将这种增长归结于那些逃离检疫人群的扩散传播和感染。第二天即1月24日，在检疫区剩余的留置者被移送到常规的隔离站。

对防疫站的医疗管理具有风险，而防疫站由当地医疗社区的志愿者、医生，以及从外地来奉天支持疫情防控的医学院学生负责管理。其中特别值得关注的是疫情初期亚瑟·杰克逊（Arthur Jackson）的死亡。这位年轻的英国医生是奉天医学堂的老师。亚瑟·杰克逊负责铁路区域的鼠疫防控工作，1 月 24 日开始发病并被诊断出感染了肺鼠疫，第二天身亡。为了纪念亚瑟·杰克逊及其对奉天的贡献，他的朋友们随后在奉天竖立了一座塑像，撰写了一部歌颂其事迹的传记作品。[35] 据报道称，参加奉天鼠疫防控工作的医生的总体死亡率在 5%，医学院学生在 3.5%，包括当地医生、救护车驾驶员、士兵、防疫警察在内的整个鼠疫防控人员群体的死亡率达到惊人的 10%。[36]

疫情伊始，奉天的大部分死亡病患发生在被称为“第七警区”的地区，此地位于城市中心和火车站的中间地带，散落着流动人员的各类旅馆，以及简易搭建的临时棚户。大多数临时工居住的其他警区（第四、第五警区）的死亡率同样高企。剩余四个警区受鼠疫影响相对较小。当地的中国商人表现出了他们的社会责任，以及对自己生意的关切，决定自行筹款改善鼠疫防控的官方工作，开设他们自己的隔离医院。他们聘请了数位传统中医来帮助管理这间医院。采用的方法是基于传统中医药的观念，没有包括任何杀菌或其他防止传染的措施。这家私立的鼠疫防治医院在运营的前两周共记录有160例死亡，其中包括4名护理医生。2月16日至21日这一周时间，奉天的死亡率是每天57—66人，其中大部分发生在医院。2月20日，奉天地方政府决定关闭这幢建筑。

随着进入奉天的铁路线路停运，从北方南下的流动中国劳动力显著减少，商人医院被关闭，病死率开始下降。2月的最后一周，在奉天每天只有33人死于鼠疫，到了3月的前四周，病死率显著下降，从每天的平均26人减少到14人，再从7人减少到2人。

大连的鼠疫疫情

作为日本在中国东北的代理机构，“南满洲铁道株式会社”在其控制的地区对鼠疫的防范和应对是彻底的、组织良好和高效率的。它与中国方面在奉天看似混乱的各种反应形成鲜明对比，或许并不令人意外。“南满洲铁道株式会社”在行政和医学两个层面采用的管理体制，反映出的是首任总裁后藤新平在政治和公共卫生方面的抱负。一方面是因为远离鼠疫最初暴发的中心，另一方面也是由于日本在中国东北南部的租界采取广泛措施，鼠疫没有传播到辽东半岛南端的日据城市大连。与此相反的是，或许是因为南满铁路大连段和渤海渡轮的关闭和封锁，鼠疫菌携带人群被转移到了奉天至北京的中国铁路线，造成鼠疫沿着这条铁路线偏离大连和旅顺口，向西南方向扩散。

1910 年 10 月鼠疫疫情被发现之后，日本方面在中国东北南部立即开始规划防疫和医院设施，以备不时之需。在沿南满铁路的九个站点和主要火车站，曾经被废弃的俄国军营被建成或改为防疫和医疗建筑。[37] 这些建筑可以容纳 500—5000 名留置人员。

日本人为鼠疫防控设立了两条防线：在火车和轮船上的检查制度，在大连和旅顺口外围的四道防疫警戒封锁线。[38] 从 1910 年 11 月 25 日始，日本方面开始检查在南满铁路各火车站到站下车的所有乘客。随后，他们对希望乘坐火车的所有"低层（苦力等）"中国人设立了为期七天的隔离观察期制度。然而，许多被留置的中国人并不理解这样隔离的目的，徒步穿过市郊和乡村往南而去。日本人为了阻止他们，部署了警察和军队。

来自德国商船伊尔蒂斯号（Iltis）冯·凯泽尔（Von Kayser）船长的第一手报告，详细描述了日本方面对大连鼠疫的应对措施，及其对这一地区和人口的影响。这份报告最初是准备报给德国胶澳租界的都沛禄（Truppel）总督，随后秘密地经过翻译被"正式泄密"给美国驻青岛领事詹姆斯·C. 麦克纳利（J. C. McNally），用于电传给美国国务卿。冯·凯泽尔船长的报告，尽管经过某种缩略，但是其客观性、细节描述，以及生动程度值得关注。

> 上午11点［1911年2月24日］，梅斯曼船长（Captain Mersmann）、本格斯医生（Dr. Bengsch）［伊尔蒂斯号船上的医生］和我本人，在车站遇到了来接我们的［大连］市长吉村，在他和警察局长北村博士（一位会讲德语的南满铁路医生），以及驻港船长的陪同下乘坐正常班次的火车去了大房身村，那里坐落着三座隔离营地最近的一座。目前为止，共有三座隔离营地：长春营（容纳3000人）、奉天营（容纳3000人）、大房身村营（容纳500人，可扩建到3000人容量）。大房身村营地离大连距离45分钟的火车车程，临近俄国沿铁路设立的据点南山。它由多座俄国旧军营（砖瓦结构）组成，每座容纳25人……
>
> 营地被沉入地下的波状铁墙围住，分为两个区域，每个区域又用波状的栅栏隔开。在第一区域的是工作人员（其中25名医生），配有1名士兵守卫，在第二区域的是病患、疑似病患，配备1名警察守卫。要离开第二区域前往第一区域，必须通过浸透杀菌剂、石碳酸且用电器加热的脚部刮擦器，双手必须用汞溶液清洗。士兵们仍然佩戴着口罩，看护人员则没有佩戴。

在到达大连之前需要佩戴口罩，直到北村博士宣布这项措施多此一举、夸大其词。目前有 1000 名中国人来到隔离营地，如果是从北面来的则必须在这里待满 7 天。这里已经发生过一例虱虫叮咬传播的鼠疫病例。

引人注意的是这里大量雇用中国人作为看护人员，日薪是日元 35 钱。日本人只是作为管理人员和监工。

鼠疫在大连暴发的时候，被感染的地方和街区的所有未被感染的中国人，无论地位高低，都通过铁路车厢被运送到了大房身村隔离营。据奉天的日本人称，在第九天之后检测到鼠疫菌，这些中国人在这里被留置 10 天（之前只要 7 天）。

就在大房身村前，划定了穿越金州湾的军事警戒线。日间有 6 名守卫在带窗户、有供暖的小房子（整个地带地势平坦，便于俯瞰）里面值守，夜间有流动巡逻……警戒线长度有 1.6 公里左右。允许视情况使用步枪，迅速制止试图逃离的被隔离者。

晚饭一结束（刚刚回到大连），我们就驱车来到位于大阪町（大连的一条主要马路）后面的鼠疫医院。途中路过了一片被感染的街区。中国人的房屋被清理、封闭；发生过鼠疫病患的房子被焚烧。南满铁路官员的房子则用波状铁丝网保护起来防止老鼠。

大房身村的医院被分为两个部分。一边是北村作为学者主导的实验区，另一边则是中国人的病房区。医院里所有的老鼠都被用火清除。老鼠的运输则采用特别制作的盒子。

捕鼠工作取得突出成绩。共捕捉到超过2万只老鼠。从日本派来的捕鼠专家也已经抵达。

医院本身是木质结构，看护病房、停尸房（采用特制的波装铁墙）都是特别建造的棚户风格的砖房。

我们从医院驱车来到附近的海边，在关闭的港口外边坐落的是配备守卫的院子。

在大连的所有中国人都被留置在四个这样的院子里。他们与妻儿生活在这里，可以自由安排工作，但是每天必须接受四位驻院医生的检查（血压和体温）。港口附近的大院可以容纳5000人。房屋风格普通，三天内建成，现在正在扩建（草案）。院子由不少棚屋组成，每个棚屋容纳25人（实际上每个棚屋住了40—50人），屋内左右两边各有两个炕（砖的卧铺），屋前设立灶台。每个棚屋都有供暖，屋后有玻璃窗。长度在15米左右，地面截面宽度4—5米，高4米。厕所，在我看来，就是前面一堵墙、南向开一扇门的棚子。

在院子里面的中国人似乎感觉良好。他们行走不会造成麻烦，实际上没有人问过他们这些，他们只是不得不遵守而已。这里不需要那些有权势的中国人的协助。棚户外边较为整洁，里面已是臭气熏天。

港口和轮船。

港口地带已经被铁丝网封闭，街道上摆有木制障碍物。在港口的主路上只有一个出口。

在疫情暴发的最初几天，石碳酸蒸气的消毒屋投入使用，每个人都必须通过。在随后几天，这种措施被废止。每天共有 1.7 万人通过关卡。疫情在中国农历春节之前暴发，大连因此没有出现劳工短缺。

所有船只都必须经过防鼠的消毒和硫化处理。在当时，只有硫化处理是必须的。据说消毒只是通过放在驳船上的液体加热装置……对此没有准确的新闻可知，也无从可知驳船是否被检查……

对我们的接待可谓周到和友好。日本人的所有措施特点明显［缜密］。[39]

代表日本政府管理南满事务的葛西写道，“绕着关东地区租界、从东海岸到西海岸已经设定了军事警戒线”。[40]可以说，在鼠疫扩散到奉天之前的一个月，所有这些措施就已经准备就绪。但是，这些统筹性的、大范围的，甚至是残酷的措施，无疑是行之有效的：大连和旅顺两地的死亡病患，总计只有 76 人。[41]

疫情结束

1911年1月底开始，各地的鼠疫死亡率开始下降，或许是因为防疫措施发挥了作用，或许是寒冷的天气限制了人口流动，也有可能是中国农历春节期间外出减少，也可能是因为其他更多的未知原因。1911年1月底在哈尔滨开始大规模火葬鼠疫病死者，伍连德将其视为鼠疫疫情结束的开始。

> 伍连德博士安排医疗人员中的庄医生招募了200名劳工，第二天［1月31日］一早开始工作，收集棺材与尸体，按照1层100个层层排列。用于消防灭火的机械抽水泵和输水管被送到现场。现场共堆积有22堆。1月31日下午2点，部分高级医官，以及一些经过挑选的政府和军队官员受邀参加历史上第一次对感染尸体的大规模火化。首先在尸体堆上淋上汽油，当发现这种方法速度较慢，对火化产生兴趣的更多胆大的劳工，请求被允许爬到尸体堆的顶端，将成桶的汽油从中间灌下。这样的请求被欣然应允。时辰将近之前，每一堆又被淋上一定份额的石蜡。随后下令点火，按照由近及远的顺序。一刹那，整个地方棺材燃烧得

火光冲天，噼里啪啦，黑烟滚滚。当时的历史场景被拍照留存（见图 3.6）。很快，这些高堆开始缓慢瓦解及地，而地面在炙烤之下已经变得松软。在他们工作的高峰期，所有相关人士都非常欢欣鼓舞、如释重负，他们普遍感到通过这种伟大的历史行动，已经最有成效地完成了他们的艰巨任务。[42]

这是 1911 年中国农历新年第一天的篝火。伍连德迎来了其鼠疫防控任务的另一个转折。有一种新年传统是燃放爆竹寓意吉祥。防疫局总共印刷了 2.4 万份传单，号召哈尔滨民众在他们的住所里燃放爆竹庆祝新年。燃放爆竹的目的之一在于驱散那些来年会带来霉运的邪恶神灵。因此，伍连德建议，因为鼠疫代表着一种非比寻常的邪恶影

图 3.6　1911 年的哈尔滨，堆积等待火化的棺材，附近是成桶的汽油（Thomas H. Hahn Docu-Images）

响，为人们的府邸和物业祛除这些恶灵需要付出比往年更多的努力。然而，这样做的科学动机，在于充分利用从爆竹散发的硫黄蒸汽对人们的房屋进行消毒，减少各种密集人群接触环境的鼠疫菌。[43]

无论出于何种原因，1911 年 2 月整月的鼠疫病死率继续下降，在哈尔滨发生的最后一例登记时间为 1911 年 3 月 1 日。截至 3 月底，其他地方只有零星病例。1911 年 5 月抵达中国东北的两位西方游客充满诗性地写道，“士兵、水手、修补匠、裁缝，来自西方和东方半数人种的人们到处奔走，充满欢笑和闲聊。在东方这片迷人的粉色夜空，钻石斑点般闪烁的星星，川流不息的人流汇集在鹅卵石铺成的基泰斯基路上（哈尔滨的主街，现在的中央大街）。似乎很难相信，在短短几周之前，此地曾是最为危险的肺鼠疫暴发的中心地带，大街上堆满了尸体和濒死之人，遍布着飘出污浊浓烟的许多焚烧坑，100 座低温炼焦屋，交通工具只有运输死尸的马车和鼠疫防疫车。”[44]

按照最后的推算，死亡人数大约在 4.5 万到 6 万人，堪称近代以来最大规模的一次鼠疫。究竟发生了什么？这次鼠疫从哪里开始？为什么是致命的？这次鼠疫的后果又是怎样？要回答这些重要的问题，就要追溯到 1911 年 4 月在奉天召开的万国鼠疫研究会。

三座城市，三种风格

围绕鼠疫及防止其沿东北新铁路系统向南扩散的故事，表现为行政管理、医疗体制，以及历史叙述等方面不同风格的对立叙述。哈尔滨作为一座崭新的城镇，明显具有欧式的城市建筑和规划，是由俄罗斯铁路官员实行准军事化政府管理的一座城市。这里设立军事警戒线，遵循格杀勿论的命令。设立防疫区没有遇到任何有效的抵制，城市的布局加速隔离开以中国和朝鲜工人为主的亚洲人口，以及欧洲来的技术人员、士兵和经理。鼠疫防控措施被迅速执行，因为当地的西医大多数与俄国铁路公司有关，他们即便对外贝加尔地区铁路沿线村庄发生的小规模鼠疫没有直接经验，但至少具有相关知识。

然而，作为铁路线上的两座主要中国城市，奉天和长春的应对措施相对缺少协调。两座城市更多依靠的是当地中国政府管理，由官僚和当地乡绅组合，组织医院、批准防疫区，以及在其他情况下执行被当地中国劳工群体视为不受欢迎的各种限制措施。奉天历史较早，是一座缺少规划的城市，各种传统很难被忽视。强势的中央权力在这里是缺失的。这里的西方医学知识依托传教士，而不是像哈尔滨一样有公司财力支持。由于地理和管理结构较为分散，对鼠疫疫情的反应较为薄弱也在意料之中，但是颇有意思的是，这种看似杂乱无章的组织，维持着对地方习俗与独立自主的敏锐性，却又能够保持合作，执行相对有效的防疫措施，以及处理来自俄国和日本的各种压力。没有在哈尔滨看到的那样对不同人群的几乎完全隔离，奉天的感觉似乎并没有那么决绝，遗留的各类档案也缺少哈尔滨那样的种族立场记载。

作为新城市的大连，由俄国人规划，随后被日本人开发建设，同样也不是太“中国式”。城市建筑和格局是西式的，行政管理明显是军事化的，公共卫生方面受到其早期领导者后藤新平的影响。在大连展示出的是事前准备、组织和效率。但是，实际上，鼠疫并没有完全传播到这里并检验这座堡垒的充分准备。鼠疫没有沿南满铁路线向南扩散到大连和旅顺口，反而是通过连接奉天和北京的中东铁路线渗透进入奉天西南方，最终在1911年的北方寒冷冬季终结于绥中附近。

注释

1 Ivan L. Martinevskii and Henri H. Mollaret, *Epidemiia chumy v Man'chzhurii v 1910—1911 gg.*（《1910年至1911年的中国东北鼠疫》）（Moscow：Medicina，1971），31.

2 Martinevskii 和 Mollaret 二人在俄国报道的日期与其他大多数文献存

在差异。如果考虑到俄国文献采用的是当时在俄国使用的旧式的**儒略历**（Julian calendar），这些日期基本能够对得上。这些日期与现金几乎普遍使用的新式的格里高利历（Gregorian calendar）相差 13 天。

3 Roger S. Greene to Secretary of State, "Consular Report No. 111, 12 November 1910," file 158.931/52, RG 59 Washington, D.C.: National Archives (hereafter cited as NA).

4 Martinevskii and Mollaret, *Epidemiia* 43.

5 同上，第 33 页。

6 Greene to Secretary of State, "Consular Report No. 115, 15 December 1910," file 158.931/56, RG 59, NA.

7 Greene to Secretary of State, "Consular Report No. 115, 15 December 1910," file 158.931/52, RG 59, NA.

8 同上。

9 Martinevskii and Mollaret, *Epidemiia* chap. 4.

10 Rosemary K. I. Quested, *"Matey" Imperialists?: The Tsarist Russians in Manchuria, 1895—1917* (Hong Kong: University of Hong Kong, 1982), 100—101.

11 道台的头衔指的是通常被翻译为"道尹"（Intendant of Circuit）的清朝官职。在清朝体制中，"道"是仅次于省的行政单位，比市和县具有更大的管辖权。自公元 627 年，唐代设立"道"，但是这种行政单位到 1928 年被认为是无必要性而被废除。"台"字指的是"高职位"的尊称。

12 顾临是一位在中国的外交官、基金官员，以及医学主管，是美国在东亚地区的利益代表。他的父母曾经赴日本传教，顾临在那里接受了早期教育。他随后入读哈佛大学并取得学士（1901）和硕士（1902）学位，毕业之后进入外交领事工作领域。他先后在巴西、日本、西伯利亚、中国东北和中国内地任职。随后，顾临离开充满前途的外交官职业，加入洛克菲勒基金，承担的首个基金会任务是调查中国的医学和公共卫生需求。在他的调研基础上，洛克菲勒基金会通过美国中华医学基金会设立了北京协和医学院（PUMC）。顾临担任该基金会驻华负责人，随后成为美国中华医学基金会驻华代表，北京协和医学院代理校长、校长，随后与约翰·洛克菲勒不和（关于在北京协和医学院进行宗教教学的合理作用），导致 1935 年被迫辞职。参见 Warren

I. Cohen, *The Chinese Connection Roger S. Greene Thomas W. Lamont George E. Sokolsky and American—East Asian Relations* (New York: Columbia University Press, 1978); 以及 "Roger Sherman Greene," *Dictionary of American Biography*, suppl. 4: 1946—1950 (American Council of Learned Societies, 1974)。

13 Greene to Secretary of State, "Consular Report No. 112, 12 November 1910," file 158.931/54, RG 59, NA.

14 同上。

15 同上。

卜大夫（1867—1926）为"波罗的海地区的日耳曼男爵，自学成才的汉学家，在哈尔滨的唯一一位与中国女性结婚并融入中国社会的俄罗斯国民"。参见 MarkGamsa, "The Epidemic of Pneumonic Plague in Manchuria, 1910—1911," *Past and Present* 190 (2006): 147—183。

16 参见 Quested, *"Matey" Imperialists* 117。《新生活》(*Novaya Zhizn*) 显然是在哈尔滨当地的出版物。《新生活》的名字见于 1904 年到 1905 年期间在俄国印刷的著名布尔什维克（俄语意为多数派）日报，以及孟什维克（俄语意为少数派）在 1917 年和 1918 年的出版物。

17 斯莱致朱尔典（H. E. Sly to Sir John Jordan), "Consular Report, 21 December 1910," 英国国家档案局 (Public Records Office, 书中自此简称为 PRO), 英国外交部 (Foreign Office of the United Kingdom, 书中自此简称为 FO), 371/1066/269—279a. 斯莱时任英国驻哈尔滨代理领事，朱尔典时任英国驻北京公使。

18 同上，FO 371/1066/272。

19 扎博洛尼对高加索地区的鼠疫进行了流行病学与实验研究，担任圣彼得堡女子医学院（成立于 1897 年的俄罗斯首座女子医学院）与敖德萨国立医科大学（前身是成立于 1900 年的敖德萨新罗西斯基州立大学医学院）的教授职位。随后，他担任乌克兰科学院主席（1927 年至 1928 年）。1927 年，扎博洛尼开创性地出版了教科书《流行病学原理》(*Principles of Epidemiology*)。

20 顾临提供了关于伊尔库茨克鼠疫会议接受论文的列表和总结，参见 enclosure with Greene to Secretary of State, "Consular Report

No. 134, 10 March 1911," 158.931/147, RG 59, NA。

21 Dr. Roger Baron Budberg; see Gamsa, "The Epidemic," 179.

22 Greene to Secretary of State, "Consular Report No. 115, 15 December 1910," file 158.931/56, RG 59, NA.

23 同上。

24 同上。

25 伍连德（Wu Lien-Teh，汉语拼音为 Wu Liande，粤语发音为 Ng Leen-tuck，客家话发音为 Gnoh Lean-Teik）在槟榔屿学校，以及随后的剑桥大学被称为 G. L. Tuck。

26 Wu Lien-Teh, *Plague Fighter: The Autobiography of a Modern Chinese Physician*（Cambridge: Hefter, 1959）, 667. 同时参见 William C. Summers, "Wu Lien-Teh," in *Doctors, Nurses, and Medical Practitioners: A Biobibliographical Sourcebook*, ed. Lois N. Magner（Westport, Conn: Greenwood, 1997）。天津的北洋医学堂隶属北洋大学，成立于 1895 年，采用西方著名研究所和大学的模式，在重视科学与技术的基础上立志实现中国的现代化。北洋指的是"北方的大洋"，即位于中国北方的直隶、辽宁与山东的沿海地区。1951 年，北洋大学重组并更名为天津大学。

27 Budberg, described in Gamsa, "The Epidemic," 179.

28 Sly to Jordan, "Consular Report, 3 February 1911," PRO, FO 371/1066/194—198.

29 Greene to Secretary of State, "Consular Report No. 129, 7 February 1911," file 158.931/126, RG 59, NA.

30 Richardson L. Wright and Bassett Digby, *Through Siberia: An Empire in the Making*（New York: McBride, Nast, 1913）, 220.

31 同上，第 221 页。

32 Greene to Secretary of State, "Consular Report No. 129, 7 February 1911," file 158.931/126, RG 59, NA.
同时参见 Sly to Jordan, "Consular Report, 3 February 1911," PRO, FO 371/1066/197—198，提供了这 20 位医生的名字、接受医学教育的学校，以及所属单位的列表。另有 25 名医学院学生与 4 名防疫系学生的名字未知。

33 Greene to Secretary of State, "Consular Report No. 130, 14

February 1911," file 158.931/127, RG 59, NA.

34 对奉天鼠疫暴发初期的详细记载，来自 Y. S. Yang, "Notes on the Epidemic of Plague in Mukden," in *Report of the International Plague Conference Held at Mukden April 1911*, ed. Richard P.Strong (Manila: Bureau of Printing, 1912), 249—253。

35 Alfred J. Costain, *The Life of Dr. Arthur Jackson of Manchuria* (London: Hodder and Stoughton, 1911).

36 Wu, *Plague Fighter*, 37.

37 Hugh Horne to Sir Edward Grey, "Consular Report, 10 January 1911," PRO, FO 371/1066/281—283，以及 "Consular Report, 17 January 1911," PRO, FO 371/1066/296—298; see also D. K. Kasai, "Summary ofMeasures Taken Against Plague in South Manchuria," in Strong, *Plague Conference Report*, 253. 英国领事常驻大连，爱德华·格雷（Edward Grey）时任英国外交大臣。

38 Kasai, "Summary of Measures," 253—256.

39 Captain von Kayser，引自 J. C. McNally to Secretary of State, "Quarantine Regulations at Dalny, Manchuria, 7 March 1911," file 158.931/159, RG 59, NA.

40 Kasai, "Summary of Measures," 254.

41 Wu, *Plague Fighter*, 33.

42 同上，第 29—30 页。

43 同上，第 30—31 页。

44 Wright and Digby, *Through Siberia*, 229.

第四章

万国鼠疫研究会及其后续

大会之缘起

鼠疫日渐严峻且继续沿东北铁路线向南肆虐，实际上控制哈尔滨和大连的外国政府认为鼠疫对它们国家的利益而言是威胁与机遇并存。在中国东北南部的日本人看到的是加强其早已存在的势力的机会，可以借机将势力影响进一步延伸到公共卫生、防疫及其他形式的人口控制领域。在北部城市哈尔滨，俄国方面将鼠疫视为一种突破铁路驻军限制的机会，以加强防疫及控制人口流动的名义额外增派军队。可以预见到的是，中国政府尽管处于弱势，仍然在抵制这些侵犯其主权的行为。

美国似乎最为关注日本对中国东北的野心，或许这具有充分理由。1911 年 1 月，在鼠疫暴发的高峰期间，日本拟向中国东北增派军队，将其势力范围向北延伸到奉天。随着“南满洲铁道株式会社”迁至奉天，突然出现了能够容纳三千名士兵的新军营。据报道，在沿南满铁路的其他

20 个站点，这些额外的建筑被仓促建成。尽管建造这些建筑的公开目的是用于隔离乘坐南满铁路的中国乘客，中国政府还是将这些建筑视为日本军队潜在的营地。在此期间，据报道在广岛的日本军队第 5 师团正在赶赴中国东北轮换第 11 师团。让中国方面担心的是，日本可能会找借口将第 11 师团留在东北，到时候在中国土地上的日本军队人数会翻番。与此同时，辽东半岛租界总督大岛子爵，借口领导负责鼠疫防控工作的日本卫生委员会，暗地里将其指挥部从大连迁至奉天。[1]

2 月初，大岛总督会晤东三省总督锡良，建议中国与日本开展合作，同意日本方面提供帮助，以及接受日本专家作为顾问。锡良总督接受来自所有方面的友好合作，但是他也明确提出行政管理完全属于中国事务。大岛敦促锡良就此事上报皇帝请求圣裁；北京方面迅速答复，涉及中国管辖权的日本合作事务不能接受。然而，日本人没有被轻易劝阻。次日，日本总领事约见锡良总督，坚持中国警察与日本警察联手合作入户排查中国家庭鼠疫病例。锡良总督回应，此事已议决，强调在南满铁路区域之外中国领土上的所有行政管辖权只能属于中国。日本总领事称此甚为过分，谴责锡良总督背信弃义，再次要求其禀告皇帝，而锡良显然已经这么做了。[2]

锡良总督私下向驻奉天的美国领事透露，他承受了来自日本的巨大压力，对方试图迫使他接受加强日本对东北行政控制的要求。美国领事弗雷德·费舍尔（Fred D. Fisher）作出回应并提出了另外一种思路。他建议列强与中国合作成立国际卫生委员会（International Sanitary Commission）。锡良接受了这一建议。鉴于费舍尔已经联络并争取到来自英国、法国和德国驻奉天领事的支持，这项提议被上报到北京的外务部商议。[3]

与此同时，俄国人也提出了在中国东北进行国际调停的提议。1911 年 1 月 19 日，俄国驻华盛顿大使联系美国国务卿约翰·诺克斯，建议“中国人应该将［抗击鼠疫的］这些措施的决定权交付给外国医生，这些为中国服务的医生”。俄国提议如下，“强烈希望与中国政府达成共识，派遣国际科学家团队赴中国东北地区，考察腺鼠疫暴发中心，报告疫情进展”。[4] 次日，诺克斯分别向北京、圣彼得堡，以及美国的卫生部门长官发电报表明自己支持这项提议，授权招募代表美国的专家。

清政府旋即附议这项建议，特别是在有关科学考察团的事项方面。1911 年 1 月 22 日，清政府给各国政府发电报，请求各国“派遣胜任的医生来到哈尔滨，彻底地调查鼠疫及其病源。派遣医生的差旅费用和生活成本由中国政府承担”。[5] 伦敦当日接到的电报内容更加具体：专家们“将要调查鼠疫病源、制定预防措施，以及通过这种方式推动医学学科进步，同时守卫人类生命”。与中国方面的“调查”目的不同，俄国的工作构想基本上是以行政管辖权为主：居住在北京的一名亲王被任命为高级专员，“可通过直接听命于他的在中国东北的特别代表们行事”。[6]

但是，中国方面对这种想法不留任何余地。在给外国医生发出首轮邀请之后短短数日，他们即给驻北京的英国公使发去一份跟进的电报：“邀请列国政府派医师赴哈尔滨的主要目的，在于考察鼠疫疫情，推进与此相关的医学技术，绝非执行预防措施的行政事务［原文有着重号］。阁下务必向英国政府禀明此事，请求派遣一名专家参与调查”。[7]

对于俄国方面来说，亦是谨防。它同样不希望外国专家染指自己的地盘。1 月 27 日，俄国驻伦敦大使本肯多夫伯爵（Count Benckendorff）知会英国外交大臣爱德华·格雷子爵，这个国际机构无论以何种方式组成，均不应介入俄国控制的中东铁路区域。倘若介入发生，此举将被俄国视为中国对该区域主权的主张，断不可接受。

俄国驻华盛顿大使馆向美国政府发出一份备忘录重申其立场：“毫无疑问，无论是俄国还是其他友好国家派遣的医生，他们的责任仅限于在中东铁路租界区域之外的中国领土上援助中国政府。”[8]

对中国方面来说，他们同样关注俄国的意图。1 月 31 日，清政府驻华盛顿公使馆秘书容揆请求美国国务院反对俄国将铁路区域排除在外的限制。“鉴于哈尔滨是鼠疫和铁路的中心，中国政府相信在这种情形下的调查几乎没可能实现。”[9]

美国没有对此局面置之不理，2月9日分别向圣彼得堡和北京发出一份照会：“本国政府避免由于贵国使用‘中东铁路租界区域’可能引起的问题及争议，在任何情况下不应被解释为美国改变因众所周知的局势而持有的立场。”[10]

俄国政府似乎在谨慎地让美国政府知晓其在中国的行动，目的或许在于拉拢美国人共同抵制日本人的扩张。1月13日，俄国驻中国公使尼古拉斯·A. 库达切夫（Nicholas A. Koudacheff）亲王向美国国务卿诺克斯递交了一份中俄协定的副本，包括以下几点：“一、在黑龙江的中国沿岸设立若干卫生检查站点；二、在俄国管辖下，黑龙江河谷与沿中俄两国领土边境的河流地区采用协作措施防控鼠疫；三、对通过海路前往俄国海岸省份的中国劳工实施防疫检查；四、在与黑龙江左岸俄国村镇相对的右岸地区关闭鸦片馆和公共场所。”[11]

在同一份公报中，俄国说服美国，将继续尊重中国主权。但是，“防疫检查站”的性质具有多种解释。仅六天之后，诺克斯收到北京的美国公使馆发来的电报，表明俄国人对鼠疫扩散到西伯利亚地区的担忧，造成了关于俄国正在黑龙江中国沿岸建立军事站点的种种传言。[12]

鼠疫大会的筹备工作

1911 年 1 月底，由来华“专家们”共同组成某种国际联合体的势头正在迅速增长。该团体的确切责任和目的尚不清楚。俄国希望的是拥有行政管辖权的机构，中国则抵制为这个委员会赋予这种职能。美国、英国、法国，以及积极参与协调的其他各方力量，似乎乐于看到能够帮助中国的机会。唯一打上问号的是日本，对该提议保持缄默。当然，日本在这片土地上的势力最大，日本的专家们在“南满洲铁道株式会社”员工、租界公共卫生官员的身份掩饰下，早就已经来到中国。

并且，向哈尔滨派出国际科学考察团的提议等于给中国提供了途径，承认自身无法胜任单独控制鼠疫的任务，而是需要接受国际援助。对“无为主义”的指责因此被巧妙地转移，且无损于主权颜面。

国际社会迅速行动，确定了派往中国的“专家”。在两周之内，美国和英国招募到了人选，代表两国参加被冠以“东北鼠疫委员会”或“鼠疫调查医学会”等多个称谓的会议。美国卫生局长瓦尔特·怀曼（Walter Wyman）医生向诺克斯汇报，其辖下两名分别在马尼拉和旧金山的专家将会参会。海军建议的是在菲律宾坎纳康湾的爱德华·R. 斯蒂特医生（Edward R. Stitt）。北京的卡尔霍恩（Calhoun）公使推荐的是马尼拉菲律宾卫生服务局主管维克多·海瑟（Victor Heiser）医生，以及已经在长春的杨怀德（Charles W. Young）医生。

有关该国际委员会的传言迅速扩散。旧金山的马丁·R. 爱德华（Martin R. Edwards）医生给国务卿写信，询问太平洋沿岸三个州将与哈佛大学合作“帮助建立鼠疫研究机构，将卫生防疫机制化”的“传言”。[13] 据推测，他已经准备好为此效力。

美国国务院与美国红十字会保持紧密联系，在医疗援助的旗帜下推行非正式外交。助理国务卿亨廷顿·威尔逊（Huntington Wilson）致函美国红十字会中央委员会主席乔治·戴维斯（George W. Davis），得到积极回应。在咨询洛克菲勒研究所的建议之后，戴维斯于 2 月 3 日致函卫生局局长怀曼，推荐理查德·斯特朗医生，承诺红十字会为斯特朗在中国的开销提供 3000 美元经费。此举显然已经达成。2 月 9 日，斯特朗成为美国的正式代表，即将出席尚未明确的中国鼠疫调查会议。[14] 在任命期间，理查德·斯特朗是美国政府驻马尼拉科学署的成员。他曾经担任菲律宾群岛热带病调查军队委员会（The Army Board for the Investigation of Tropical Diseases in the

Philippine Islands）的主任、当地科学机构的先驱者，在霍乱和鼠疫研究领域是知名专家。[15]

中国方面要求英国派遣该国最著名的鼠疫专家、曾在中国香港和南非从事鼠疫防治的辛普森（W. J. SimpSon）爵士。据报，辛普森要求提供一万英镑的津贴费用，英国政府不愿支付。[16]英国方面因而选定伦敦卫生局（The Board of Health of London）的雷金纳德·法勒（Reginald Farrar）医生。法勒医生胜任这项委派任务的具体资历尚不清楚。他本人似乎对这趟差事颇为关注，除了要求差旅和生活费的常规资助，还请中国政府为他提供总数“例如 1000 英镑”的人身保险。这条后面的绊脚石条件被留给“其部门与财政部商议安排”。[17]

李斯特研究所与北京的英国公使馆在情感上受到伤害，使得英国代表团的工作受阻。这两个机构只能任命“非官方代表”作为“观察员”参加大会。李斯特研究所派遣 G.F. 彼得瑞（G. F. Petrie）医生，他要求中国政府将其任命为额外的英国代表，英国驻北京公使馆的 G. 道格拉斯·格雷（G. Douglas Gray）医生同样被中国政府任命为英国代表。根据斯特朗医生的会议报道，这些代表内部经常争执不休，提出不同观点意见，无法统一议事方式，最终就何人签署阶段报告也无法达成一致意见。最后，彼得瑞医生代替缺席的法勒医生签署。总之，英国人的表现欠佳。[18]

日本人对这些计划进展公开地表现出冷漠态度。最为著名的日本微生物学专家、东京传染病研究所主任北里柴三郎男爵，2月17日在视察南满铁路的途中只是顺道访问中国东北。北里柴三郎在关于鼠疫的演讲中特别援引东北鼠疫的例子，其英文版在大连公开发表。他强调当前鼠疫的肺鼠疫性质，认为控制此次鼠疫“从科学角度来看比较简单”，但是继而指责“最为有效、最为简单的方式［即检疫隔离与人口控制］由于南满铁路的周围环境无法发挥充分和不受限制的作用”。据他所言，这些缺陷是因为中国政府与中国人缺少配合。[19]北里柴三郎同时到访奉天，2月20日在日本领事京池的安排下与各国外交使团进行了非正式的对话。[20]

俄国政府的代表团成员有多个选项。哈尔滨有多位经验丰富的鼠疫医生，其中部分来自伊尔库茨克的著名医学院。然而，接受任命并带领俄国代表团的是圣彼得堡妇女医学研究所的细菌学教授丹尼洛·扎博洛尼医生，他本人具有在敖德萨研究鼠疫的经验。根据斯特朗的描述，扎博洛尼是“纯粹的科学家，明显毫无政治意图，不同情其国内的许多政治运动”。[21]俄国代表团共有超过12位男女成员，其中只有6位是官方代表，4位是副代表。

或是通过设计安排，或是纯属巧合，列强似乎不同寻常地默认了中国政府将这次国际活动限制为科学调查而非行政举措的目的。

导致这些国际专家来到中国的，有两起颇为有趣的事件。一是困扰着美国斯特朗医生的困惑（或是表面上的困惑）；二是日本政府对中国主办方科学声誉的态度。

斯特朗被任命为美国代表的时候，还在马尼拉的科学署工作。2月12日，他收到了来自华盛顿的最后命令。据斯特朗报告，由于“中国东北的迫切需要”，他已不可能等到3月15日。2月14日当天，斯特朗离开马尼拉前往北京。中国政府向列强发电通告，称“鼠疫调查委员会”将于1911年4月3日在奉天举办国际鼠疫大会，预计为期2—5周。[22]

斯特朗在助手奥斯卡·蒂格的陪同下离开马尼拉。他们匆忙收拾可以从马尼拉带走的实验设备，坐船前往上海。他们在那里从亚瑟·斯坦利（Arthur Stanley）负责的市立实验室采购了所有豚鼠现货，随后前往北京。直到抵达上海，他们才发现自己比奉天大会的时间提前了一个多月。斯特朗和蒂格征得美国公使同意之后，决定继续前往奉天，在大会之前即开始对鼠疫的研究工作。从现存档案来看，中国和美国方面都非常清楚，鼠疫大会将在4月举行，但是斯特朗不知道出于何故事先没有收到这一信息，以为需要他在中国立即开始工作。由于缺少额外的证据，我们只能推测，如果存在这种可能性的话，美国（或是中国）的动机是希望斯特朗尽早在会期之前来到中国。然而，斯特朗随后报告称，“行程安排后来证明是可取的”。他接着解释，“我们抵达上海后收到电报，告知大会直到4月3日才举行，建议留在北京附近等待会议召开。我们当时并不清楚在中国东北地区需要我们立即开始工作，但是随后又被告知中国要求除俄国和日本之外的其他几个国家派出代表，需要给他们在大会开始之前留有足够的时间，以便这些代表进行原创性的调查以确保取得某些有利的结果”。[23]

随后，斯特朗继续表明，“日本似乎清楚地表明，希望没有其他国家代表能为大会提供相应分量的成果，日本已经派出该国最为重量级的三位科学代表，即北里柴三郎、藤波秋良、柴山医生三位教授，日本军队的总医官，以及其他参与这项工作的数位医生。”[24]

因此，斯特朗“仓促地”抵达中国，这样的安排似乎让中国方面通过在东北与美国人合作产生时间上最新、相关度最高的研究成果，制衡企图主导本次大会的日本。

日本人担心大会将以国际社会的名义通过相关决议，可能会限制日本对南满铁路的扩张主义控制。他们没有回应中国方面的参会邀请，希望让被很多人视为鼠疫菌共同发现者的北里柴三郎缺席这次会议，以此让会议搁浅。[25]

眼见这项策略注定失败，北里柴三郎在最后一刻接受大会邀请，但是对中国人组织本次大会的能力甚至权力发表了不少轻蔑的言辞。“中国方面在大会之前无权提出主张，在大会期间没有发言权。他们如有这两面的举动，将极为不妥和不可原谅，将会受到由我本人发起的坚决抵制”。[26] 4月4日会议开始，美国驻华公使威廉·卡尔霍恩向国务卿发了一份密码电报，总结汇报中国东北“紧张和敏感”的局势。

> 日本方面一直以来给中国人施加压力，让其负责卫生防疫工作。中国方面同样坚决反对。后者尽其所能控制鼠疫，他们的突出成绩已成共识。日本对当前举办的医学大会明显是怀疑或敌视的。中国方面深受其扰，因为他们至今没有收到日本政府对其邀请的答复。今晨的意见是抵达奉天的日本代表拒绝大会为他们提供的食宿，而是自行入住了一家宾馆。他们是否参加大会工作仍需拭目以待。[27]

列强在挑选专家代表团的同时，中国政府正在为奉天大会做精心准备。锡良总督是中国政府作为主办方的官方代表，当地的会议安排由钦差官员施肇基全权负责。[28] 施肇基，英文名阿尔弗雷德·施肇基（Sao-Ke Alfred Sze）

为更多人知晓，既具有才干，又拥有与西方人交涉的经验，因此是一个理想的人选。[29] 施肇基童年时期在中国学习多种语言，随后在清政府驻华盛顿公使馆做见习翻译，在美国读完高中，随后入读康纳尔大学获得学位（1901年获学士学位，1902年获硕士学位）。1908年至1910年期间，施肇基升任道台（道员），试署滨江关道（哈尔滨关道），他不仅浸淫于西方文化，而且对东北政局非常熟悉。

2月27日夜，斯特朗和蒂格冒着暴风雪抵达奉天。随后几日，与当地美国领事费舍尔和锡良总督进行了例行公事的会晤之后，着手在奉天鼠疫医院的三间小房间（之前为当地工人的卧室）开展工作。得到总督的默许之后，两人开始对鼠疫死者进行尸检。与此同时，他们向柏林定购德国科赫研究所设计的“紧急鼠疫实验设备”。通过海运快速运送的这套“仪器”，作为一种自成体系的贵重实验设备，足以满足对传染病进行实地调查的需要。[30] 他们的工作目标在于“研究疾病传播的途径、病理解剖学，以及治疗方案”。斯特朗后续报告称，“在大会召开之前对前两个问题的研究，取得了令人满意的结果”。[31]

尸体解剖行之不易，引起当地人较大抵制。最终的妥协办法是使用无人认领和无法辨明身份的尸体。解剖尸体总共仅有25具，但足以进行疾病的病理学和解剖学研究。

实际上，这些显然是最早在东北进行的尸体解剖，数量远远超过其他参会代表进行过的肺鼠疫病例研究。在鼠疫大会召开之前，美国人与他们的中国合作伙伴已经掌握了大量最新和高度相关的信息，结果证明足够抗衡北里、藤波与柴山三人组成的日本权威专家团队。

鼠疫大会的召开

1911 年 4 月 3 日周一，国际鼠疫大会（史称“奉天万国鼠疫研究会”）隆重开幕。清政府慷慨地清理出了被称为小河园的旧式宫殿，为大会代表提供起居室、会议室以及部分实验场地。[32] 大多数与会者栖身在这座便利的单层现代宾馆，这里供有电气、自来水，以及更为重要的暖气。日本人出于政治原因在大和旅店安营扎寨，这是“南满洲铁道株式会社”的旗舰宾馆之一。与此相似，英国代表决定与在奉天的英国侨民共宿同一宾馆。据描述，会址拥有在会议期间能容纳 150 人的宏伟大厅、一间大型餐厅，以及一间能满足“所有愉快俱乐部活动”的主客厅，包括“不仅限于四点钟供应的常规英式下午茶”。[33]

表 1　奉天国际鼠疫大会（1911 年 4 月）重要代表名单（引自斯特朗：《奉天国际鼠疫大会报告》，第 vii—ix 页）

W. H. 格雷厄姆·阿斯普兰医生（Dr. W.H. Graham Aspland），教授，北京协和医学院

司督阁（Dugald Christie）医生，奉天盛京施医院院长、东三省政府医学顾问

全绍清（Dr. Ch'uan Shao Ching）医生，医学、治疗学、法医学教授，天津帝国陆军医学院

雷金纳德·法勒（Reginald Farrar）医生，伦敦地方委员会巡视员

藤波秋良（Akira Fujinami）医生，病理解剖学教授，京都帝国大学

吉诺·加莱奥蒂（Gino Galeotti）医生，实验室病理学教授，意大利那不勒斯皇家大学

G. 道格拉斯·格雷（G. Douglas Gray）医生，公使馆医生、英国驻北京公使馆

保罗·哈夫金（Paul Haffkine）医生，哈尔滨俄国鼠疫医院院长

北里柴三郎（Shibasaburo Kitasato）医生、教授，东京帝国传染病研究所主任

G. F. 皮特里（George Ford Petrie）医生，利斯特预防医学研究所研究人员，印度 1905—1907 年鼠疫研究委员会成员

G. 柴山（Gorosaku Shibayama），医生、教授，东京帝国传染病研究所住院部主任

亚瑟·斯坦利（Arthur Stanley）医生，卫生官员，上海工部局

理查德·P. 斯特朗（Richard P. Strong）医生，热带疾病学教授，马尼拉科学署生物实验室主任

伍连德（Wu Lien-Teh）医生，协办，天津帝国陆军医学院

丹尼洛·扎博洛尼（Danilo Zabolotny）医生，细菌学教授，圣彼得堡

S. I. 兹拉托戈罗夫（Semyon Ivanovich Zlatogoroff）医生，细菌学主任助理，圣彼得堡

表 2 奉天国际鼠疫大会（1911 年 4 月）出席国家代表名单（引自斯特朗：《奉天国际鼠疫大会报告》，第 vii—ix 页）

中国：9 位正式代表，8 位副代表，6 位秘书人员

施肇基，外务部钦差大臣

锡良，东三省总督

俄国：6位正式代表，包括2名女性，4名副代表

日本：5位代表

英国：3位代表

意大利：3位代表

美国：2位代表

奥匈帝国：1位代表

法国：1位代表

德国：1位代表

墨西哥：1位代表

荷兰：1位代表

上午10时，锡良总督宣布大会开幕并致欢迎辞。他宣读大清国摄政王载沣给会议发来的，由外务部翻译、大会秘书之一曾武环翻译的贺电。摄政王提倡大会代表“促进博爱事业”并“给人类带来无限的福祉”。在这些看似惯例的溢美辞藻之后，锡良发表了自己明显具有现代风格的长篇致辞，引用英国国王爱德华七世在1894年召开的国际卫生大会上发表的著名致辞：“如果可以预防，为什么不加以预防？……我希望，同时也相信，现代医学，特别是

卫生学，与我们今天所能做的相比，在未来的中国将会受到更多的关注，当传染病再次出现的时候，我们将从容地应对类似的问题。”[34]

锡良总督致辞结束之后，钦差大臣施肇基致英语欢迎词。他回顾了“造成鼠疫的环境”，并且描述了与旱獭的关联。同时，他提出了 12 条科学问题（毫无疑问由伍连德为其提供），供大会期间讨论。施肇基宣布由伍连德担任大会主席。扎博洛尼教授代表外国专家致答谢辞。随后休会到下午 2 点 30 分，直至次日进行。

4 月 3 日下午 2 点 30 分，由伍连德主持召开仅限于正式代表的预备会议，讨论制定会议程序规则。会议决定，英语、德语和中文作为大会官方语言。马蒂尼（德国）、加莱奥蒂（意大利）和蒂格（美国）被选为（通过投票方式）议程修订委员会成员；法勒（英国）、兹拉托戈罗夫（俄国）、柴山（日本）被选举组成另一个委员会负责“安排每天的会议议程”。大会的各类纪要与报告将用英文出版。[35] 伍连德非常娴熟地运用外交策略提议由北里柴三郎教授担任“细菌学和病理学分组主席”（President of the Section on Bacteriology and Pathology）。除此之外并没有任何官方设定的“分组”，也没有任何其他当选的“主席”。对北里的提名，得到与会代表的一致赞同。然而，大会采用的规则有一条明确规定，无论何人主持会议均应被称为“主席先生”。

或许是因为无法完成第二天会议议程的制定工作，或许是因为其他原因，法国代表布罗奎特医生提议，北里柴三郎教授附议，会议应该在伍连德致开幕辞之后，于周二（第二天）立即休会，以“表示对在中国东北献出生命的医生们的敬意”。这项提议得到大会代表的一致同意。[36]

鼠疫科学

大会的科学性议程在某种程度上是宽松和非正式的，由正式的论文、随时组织的“论述”，以及为时较长的讨论议题组成，有时向与会代表展示各类实验结果与论证。拥有一定官职的中国医生全绍清，引人瞩目地代表中国政府提交了本次大会的第一篇科学论文。[37]这篇论文标题为《满洲里鼠疫起因之调查》（Some Observations on the Origin of the Plague in Manchouli）。在文章开始，全绍清集中考察的是旱獭、流动捕鼠人拥挤的营地，以及满洲里总体恶劣卫生条件的影响，采用的是一种日后被称为疾病生态学的研究方法。他详细地描述了在满洲里的实地调查，以及他如何识别当地鼠疫的索引病例（零号病人），为大会的其他讨论工作提供了背景和基础。第一次会议的其他论文不仅集中调查这次鼠疫的起因，还讨论东北地区鼠疫的历史问题。英国公使馆的格雷医生讨论东北北部地区的鼠疫，来自大连的日本医生下濑讨论鼠疫在东北南部地区的情况。随后，扎博洛尼教授总结汇报俄国在黑龙江边境地区的鼠疫防疫经验。

北里教授主持第二分组讨论，言过其实地介绍他的会议环节，宣布“我们现在已经来到本次会议最为重要的部分，即细菌学与病理学部分，我想最好能够立即进入这些讨论”。[38] 因为这次鼠疫被认定为“严格意义上”的肺鼠疫形态，是否存在鼠疫菌变体可能性的问题引起了许多人的兴趣。大会汇报了其他分离菌的实验室对比，以及多种动物的病毒性测试，讨论了细菌毒素与表层凝集素的作用。这些议题中当代细菌学的内容成为大会的几次分组讨论的主题。北里柴三郎肯定乐见“他本人的”分组会议主导了本次大会。

最后，大会转向考察对当前鼠疫的一系列临床调查。讨论了传染模式（呼吸—否；咳嗽—是；货物—否；日用品—是），以及诊断方式和标准，并就调查结果进行了辩论。无症状的病毒携带者的存在，是一个重要考虑事项。杜格尔德·克里斯蒂（Dugald Christie）医生展示了一份病例报告，有一位无症状感染者似乎造成了至少三起原发感染，以及至少三起间接传染的鼠疫病例。[39] 为了解决治疗和预防的可能方法问题，会议提到了疫苗试种与血清治疗。所有这些报告提出的都是令人沮丧的结论。包括哈夫金氏疫苗（霍乱及鼠疫预防疫苗）在内的各种灭菌疫苗，以及耶尔森的超免疫血清治疗，对感染者的发病过程均无疗效。疫苗的预防性治疗作用不明显，或许价值也不高。

正如斯特朗在“病理解剖学”分组会议的报告中指出，对肺鼠疫遇难者的尸检报告来之不易。截至当时，在世界医学文献中提到的类似报告不超过 10 例。这次鼠疫的暴发提供了前所未有的研究鼠疫病理学的机会，来到中国研究这次鼠疫的医生们抓住了这次良机。斯特朗在奉天进行了 25 例尸检，藤波称在长春和大连进行了 26 例（另有数头驴子），科克察罗夫报告在哈尔滨进行了 28 例（大多数是冷冻和解冻的尸体）。[40] 三位调查者描述了相似的研究结果，达成了相同的总结意见。尽管代表们时有辩论，但是似乎已经达成一致意见：鼠疫引起大叶肺炎并通过血管传染到肺部，主要感染途径是喉咙或呼吸道黏膜。然而，扁桃体和其他淋巴组织是作为直接感染还是间接感染部位，仍然是一个争论点。

最后一次分组会议讨论能够采用或可能用于抗击肺鼠疫的措施。这些讨论同样包括鼠疫肆虐东北所造成损失的翔实统计数据：这些案例的人数、地点与时间，以及殉难者的年龄分布、国籍与社会身份。好几次讨论属于总论性质，总结了在鼠疫发生之前采用的防控和治疗措施，更多的是关于当地官员与政府机构防控鼠疫工作的广泛报告。随后汇报的是在鼠疫最为严重的几个村庄采用的紧急防疫措施、鼠疫医院的仓促建造，以及日常的防疫程序。为了满足列强对中国东北贸易的兴趣，甚至出现部分专门讨论鼠疫对贸易、农业与铁路运输的经济影响的报告。关于进一步调查预防性接种问题的决议，得到一致通过。

在耗时较长的总结环节之后，进行的是科学讨论，目的在于起草会议即将通过的各项决议，以及就此准备会议的总结报告。在 4 月 26 日与 27 日，进行了四次为期半天的讨论，用于讨论总结报告的内容和措辞。4 月 28 日上午进行了最后的简短讨论，斯特朗与蒂格就两人刚刚完成的关于旱獭与鼠疫菌传播研究的报告进行了汇报。会议的科学讨论会就此休会。

1911 年 4 月 28 日周五下午 4 点，举行了会议的闭幕仪式。锡良总督举办招待会并致辞，呈送与接受会议报告，施肇基致答谢辞，伍连德作简短的总结辞。会议报告的文件篇幅较短（斯特朗会议报告的其中 10 页内容），包括 11 条“临时性的总结”，以及 45 项“决议”。有意思的是，这些决议没有一条涉及日本人起初担心的任何政治内容。这些决议是对提高卫生条件与防疫管理的若干建议。最后，“为达上述之目的，在中国必须保障实施行之有效的医学教育”。[41]

会议的最终报告工作交由斯特朗、斯坦利、马蒂尼、皮里特四人组成的编辑委员会。除了会议期间呈交的材料，最后出版的会议报告增补了四个章节内容，合编为“第3部分：鼠疫研究的知识总结”。这些总结性的章节涉及方法论（皮里特撰写）、临床和诊断特征（斯特朗撰写）、细菌学与病理学（斯特朗撰写），以及鼠疫防疫措施及其对贸易的多种影响（斯坦利撰写）。斯特朗在马尼拉完成报告的最终编辑，交由《菲律宾科学杂志》（*The Philippine Journal of Science*），在美国政府的支持下印刷，于1911年秋问世。[42]

大会的后续事件

改良分子在内忧外患的清政府内部开始掌权，国际鼠疫大会的胜利召开或许就此加强了他们的地位。施肇基显然在利用这个机会，推动在北京设立中国科学研究所（Chinese Scientific Research Institute）。在大会结束不久，施肇基随即找到斯特朗及其副手奥斯卡·蒂格，商谈在北京设立和马尼拉科学署同样模式的机构。中方特别感兴趣的是推动这项工作的生物学，包括细菌学与卫生学研究，疫苗和血清的研制，以及科研与工业用途的化学研究。[43]

施肇基强调其与斯特朗和蒂格的谈话应被视为机密，因为他担心“倘若在北京设立这样的机构被公之于众……（特别是来自英国的）政治影响将会被施加到政府，该实验职位的人选任命将会受到强烈干预。某些候选人可能会被视为不受欢迎，而他本人希望避免这样的局面”。[44]

斯特朗向施肇基提供了这项工作涉及的粗略预算、人员配备，以及所需设备数量。施肇基表示，他可以为这个机构筹措到 100 万两白银（相当于 65 万美元）的启动拨款，在斯特朗为这项事业估算的数额范围之内。[45] 在征得他们的资助者美国红十字会的同意和鼓励之后，斯特朗与蒂格在会议结束之后去了一趟北京，就设立机构一事与施肇基进一步商谈。大约一周之后的 5 月 8 日，斯特朗与蒂格前往马尼拉，知晓斯特朗在“下一个圣诞节”将会接受清政府的邀请回到北京，为他提供的是这个机构的科学主管职位。斯特朗并不想就此搬到北京，但是施肇基坚持他这样做，因此斯特朗也没有完全拒绝这种可能性。施肇基对这个职位的其他人选也保留开放态度。显然，中国方面特别感兴趣的是为这个新的机构聘用美国科学家，斯特朗注意到，“看上去……至少在今时今日，美国人被激发出的自信心，至少在科学研究的部分分支领域要比其他外国顾问更强”。[46] 斯特朗在向国务卿诺克斯的报告中，表明了自己希望留在马尼拉的想法，同时也提出这样的问题，“国务院是否认为控制这个机构的科学研究对美国利益具有特殊优势”。然而，斯特朗的圣诞节之旅终究未能成行。改良和革命分子在1911年秋扫除了日薄西山的清政府的所有是是非非。10月10日，在湖北省暴发的武昌起义放开了中国革命的缰绳，1912年2月12日溥仪皇帝退位。

作为业务娴熟的外交官，施肇基似乎毫不费力就实现了自身的转型。施肇基接受钦命为驻美、秘鲁和西班牙全权公使，未及赴任，清朝便被孙中山领导的革命推翻。1912年3月，施肇基被任命为新政府的交通总长，但是为期很短就因病辞职，随后又成为袁世凯政府的礼宾司长。1914年，他被任命为驻英国公使。当中国正面临着比东北鼠疫更为严峻的各种挑战时，施肇基在北京建设世界一流科学研究机构的愿望已经落空。

日本和中国的反应

会议通过的各项决议主要集中在建议改善中国的公共卫生机构、医学教育系统，以及医院和防疫设施。中国和日本均利用这股势头在中国东北推动新的举措。通过准官方的殖民机构“南满洲铁道株式会社”，日本在奉天建立了一座新式的医学院。中国方面借此契机通过成立“北满防疫事务管理处”，实施建立国家公共卫生系统的首要步骤。

在鼠疫大会休会后不久，“南满洲铁道株式会社”向东京的中央卫生署提交一份申请书，请求准许在奉天设立一座“第二等级”的医学院。1911 年 6 月 15 日，南满医学堂成立。[47] 作为中国领土主权的象征，新任东三省总督赵尔巽被推举为荣誉总裁，大连铁路医院的院长河西健次成为这所新式学校的校长。所有日本医学院都附属于东京帝国大学或京都帝国大学这两所重点大学，这一次是京都帝国大学负责这所医学堂的管理和教学。[48]

南满医学堂是奉天的两所医学院之一。另外一所是成立于 1912 年 1 月的盛京医学堂，是由司督阁管理的一座苏格兰长老会教会医院。自 1892 年开始，司督阁招收和训练学生，想方设法地于 1911 年在盛京医院附近新建一座教学楼，并于次年启动了五年制医学教育项目。[49] 司督阁的学校与南满医学堂受到外国人出于各种目的的支持。两所学校都招收中国学生（但是，日本学校会给予日本申请者某些优惠条件）。

同样，中国方面发现了实施鼠疫大会各项建议的契机，在 1912 年春成立了“北满防疫事务管理处”。有意思的是，中国政府将海关税收作为资助各类医院，以及后来的“东三省防疫事务总处”的合理来源。然而，海关税收处于各国政府在北京的外交代表的集体控制之下。这种奇特的安排是1899年义和团运动造成的后果。中国用海关税收抵偿欠列强的赔款和外债，为了确保等价和可靠的交纳，海关税收由北京的外交机构管理。起先，外国人拒绝拨款用于其代表们去年建议的事项。反对这些支出的理由是当年没有鼠疫发生的迹象，也没有鼠疫复发的合理预测。预防观念本身被斥责为浪费钱财。[50]最终，伍连德设法取得中国海关的英国总税务司法朗西斯·安格联爵士（Sir Francis Aglen）对中国立场的理解，每年拨款6万两白银（大约4万美元）用于支持哈尔滨的“北满防疫事务管理处”。[51]

“北满防疫事务管理处”被中西方观察家视为中国公共卫生事业的开端。[52]它是高度西方化的，一位高级职员是接受过西方医学教育的华侨，初级医疗职员通常都是在中国开设的西医学堂的毕业生。随后，该机构的职责延伸到最初的职务之外，相继演变为“东三省防疫事务总处”和“全国海港检疫管理处”。该机构的职能从最初1910年至1911年的鼠疫调查延伸出来，成为世界范围的鼠疫研究中心之一。国际联盟的卫生组织于1926年正式出版伍连德的《论肺鼠疫》(*Treatise on Pneumonic Plague*)，长期作为鼠疫研究的标准参考文献，直到1954年才被世界卫生组织出版的罗伯特·波利策（Robert Pollitzer，伍连德在“东三省防疫事务总处”的学生之一）的论著《鼠疫》（*Plague*）取而代之。[53]“东三省防疫事务总处”一直是中国在事实上的公共卫生组织，直到1931年日本占领中国东北为止。它的接替机构“全国海港检疫管理处”，是总部位于上海，仍由伍连德领导的国家公共卫生组织，在1937年日本全面侵华之后再次被终结。

西方医学在中国发展的过程中，鼠疫是一起独特事件，超越了对公共卫生的影响，提供了考察20世纪初期国际矛盾、外交，以及东北亚利益的一个重要焦点。作为一个引人注目的区域性威胁，鼠疫赋予俄国、日本、中国和美国新的机遇，试行和塑造它们在新兴后殖民世界中不断演变的外交和地缘政治战略。

注释

1 Fred D. Fisher to William J. Calhoun, “Dispatch 59, 22 February 1911,” 载于 Fred D. Fisher to Secretary of State, “Dispatch 62, 25 February 1911,” file 158.931/139, RG 59, NA。

2 Fisher to Calhoun, “Dispatch 56, 18 February 1911,” 载于 Fisher to Secretary of State, “Dispatch 60, 19 February 1911,” file 158.931/137, RG 59, NA。

3 中国的对外关系机构在1902年进行了重组：撤销了清政府的总理衙门（外务部），以外务部（字面意为外国事务部）之名成立了外交部门。

4 Russian Embassy to Secretary of State, “Memorandum, 19 January 1911,” file 158.931/64, RG 59, NA.

5 Wai wu pu to British Legation in Peking, “Telegram, 22 February 1911,” Public Records Office, FO371/1066/244.

6 British Foreign Secretary to Count Alexander de Benckendorff, “Note, ca. 25—30 January 1911,” PRO, FO 371/1066/259—260.

7 Wai wu pu to British Legation in Peking, "Telegram, 28 January 1911," PRO, FO371/1066/310.

8 Department of State, "Memorandum: Re note from Russian Embassy, Washington to Department of State, 27 January 1911," file 158.931/69, RG 59, NA.

9 Department of State, "Memorandum: Re communication from Yung Kawei to Department of State, 31 January 1911," file 158.931/89a, RG. 59, NA.

10 Department of State to Legations in St. Petersburg and Peking, "Telegram, 9 February 1911," file 158.931/89a, RG 59, NA.

11 Prince Nicholas Koudacheff to Philander C. Knox, "Letter, 18 February 1911," file 158.931/93, RG 59, NA.

12 United States Legation in Peking to Secretary of State, "Telegram, 18 February 1911," file 158.931/103, RG 59, NA.

13 Martin R. Edwards to Secretary of State, "Telegram, 29 January 1911," file 158.931/75, RG 59, NA.

14 Philander C. Knox to Russian Charge d'Affaires, "Letter, 9 February 1911," file 158.931/89a, RG 59, NA.

15 Paul F. Russel, "Biological and Medical Research at the Bureau of Science, Manila," *Quartly Review of Biology* 10 (1935): 119—153.

16 Richard P. Strong to Secretary of State, "Confidential Report on the International Plague Conference," undated [ca. June 1911], 23, file 158.931/181, RG 59, NA.

17 Minutes, "Re British Delegate for Plague Commission, 11 February 1911," PRO, FO371/1006/332.

18 Strong, "Confidential Report," 24—25.

19 Shibasaburo Kitasato, "Lecture on Plague, Dairen, 17 February 1911 (英译)," PRO, FO371/1067/220—221.

20 Fisher to Secretary of State, "Dispatch, ca. 20 February 1911," file 158.931/138, RG 59, NA.

21 Strong, "Confidential Report," 23.

22 Wai wu pu to British Legation in Peking, "Telegram, 14 February

1911，" PRO，FO371/1066/26.

23 Strong，"Confidential Report，" 2.

24 同上，第 19—20 页。

25 David J. Bibel and T. H. Chen，"Diagnosis of Plague：An Analysis of the Yersin-Kitasato Controversy，" *Bacteriological Reviews* 40（1976）：633—651.

26 Kitasato，引自 *Manchuria Daily News*（Dairen，27 March 1911），reported in Carl F. Nathan，*Plague Prevention and Politics in Manchuria*，*1910—1911*（Cambridge：East Asian Research Center，Harvard University，1967），33—34. 同时载于 Strong，"Confidential Report，" 20。

27 Calhoun to Secretary of State，"Telegram，3 April 1911，" file 158.931/149，RG 59，NA. 关于北里本人摇摆态度的更多描述，载于 Calhoun to Secretary of State，"Letter 228，26 April 1911，" file 158.931/173，RG 59，NA。

28 Fisher to Secretary of State，"Dispatch 62，25 February 1911，" file158.931/139，RG 59，NA.

29 *Sao-Ke Alfred Sze*：*Reminiscences of His Early Years*（Washington，D.C.：Privately printed，1962）. 东北鼠疫暴发期间，施肇基时任北京外务部右丞。随后升任左丞，1921 年受命中国驻华盛顿全权特命公使，断断续续直至 1937 年。他也担任过中国代表团高级顾问，并参与 1945 年国联宪章的起草。

30 柏林一家公司的紧急鼠疫实验室（The Emergency Plague Laboratory）"用 5 个铝制的箱子包装得非常严实"，成本为 6925 马克（按照第一次世界大战前马克与美元汇率 4.2:1 计算，约为 1650 美元）。参见 Richard P. Strong，"Studies on Pneumonic Plague and Plague Immunization，" pt. 1，"Introduction，" *Philippine Journal of Science* 7B（1912），132。

31 Strong，"Confidential Report，" 10.

32 Wu，*Plague Fighter*，45.

33 同上。

34 Richard P. Strong，ed.，*Report of the International Plague Conference Held at Mukden*，*April 1911*（Manila：Bureau of Printing，1912），4.

35 同上，第 10—11 页。

36 同上，第 10 页。

37 全绍清为天津北洋医学堂医学、治疗学与法医学教授，四品官员、通判职位（assistant sub-prefect）。参见 Strong, *Report of the International Plague Conference*, viii。

38 Strong, *Report of the International Plague Conference*, 40.

39 同上，第 198—199 页。

40 Strong, "Studies on Pneumonic Plague," 135.

41 Strong, *Report of the International Plague Conference*, 388—397.

42 大会开始，皮里特医生反对在马尼拉出版大会最终报告的计划，转而建议由位于上海的英国报纸出版商凯利和沃尔什公司（Kelly and Walsh）出版。施肇基表示，来自马尼拉的美国建议早已被接受，再论此事已无意义。大会报告计划印制 1500 至 2000 份，每份预计近 600 页。最后决定报告大约 500 页，以及 2 页彩色版面、5 页黑白版面、6 页超大尺寸的图标或地图。施肇基授权不超过白银 6000 两，或 8000 比索的拨款预算，用于支付印刷成本费用。参见 Strong, *Report of the International Plague Conference*, 30—31. Various currency conversions suggest that this sum was equivalent to about four thousand dollars。

43 Richard P. Strong to Secretary of State, "Letter, 5 June 1911," file 158.931/np, RG 59, NA.

44 Strong to Secretary of State, "Letter, 5 June 1911," 1.

45 换算方式：1 两库平银（清朝国库）=1.2 金衡盎司；1910 年每盎司白银价格 = 0.54 每金衡盎司；1 两库平银 = 1.2 × 0.54 = 0.65 美元。

46 Strong, "Letter, 5 June 1911," 5.

47 John Z. Bowers and Akiko K. Bowers, "Japanese Medicine in Manchuria: The South Manchuria Medical College," *Clio Medica* 12（1977）: 4.

48 Bowers and Bowers, "Japanese Medicine in Manchuria," 4—5.

49 关于南满医学堂，参见 D. S. Crawford, "Mukden Medical College（1911—1949）: An Outpost of Edinburgh Medicine in Northeast China. Pt. 1: 1882—1917; Building the Foundations and Opening the College," *Journal of the Royal College Physicians of Edinburgh* 36（2006）: 73—79。

50 Carl F. Nathan, "The Acceptance of Western Medicine in Early

Twentieth-Century China: The Story of the North Manchurian Plague Prevention Service," in *Medicine and Society in China*, ed. J. Z. Bowers and Elizabeth F. Purcell (New York: Macy Foundation, 1974), 65.

51 Wu, *Plague Fighter*, 450.

52 Nathan, "Acceptance of Western Medicine," 66—68.

53 Wu Lien-Teh, *A Treatise on Pneumonic Plague* (Paris: League of Nations: Health Organization, 1926); also Robert Pollitzer, *Plague* (Geneva: World Health Organization, 1954) .

第五章

鼠疫的来源：疾病生态学

满族人与旱獭：文化与自然

1910年的中国东北土地上充满各种对峙，这里是国际对抗与商业竞争的地带，是与中华帝国的前途休戚相关的区域，也是不同文化与传统实践矛盾对立的地方。在这样的语境当中，鼠疫的暴发及其广泛影响只有被放置于当地具体的背景下才能得到最好的理解。对大多数中国人而言，东北代表着一片遥远的土地，是在文化、政治和地理意义上的塞外边陲。在这片土地上栖居的满族人也被视为独特的异族人士。[1]然而，就在突然之间，中国东北变成了国际利益交错、具有重要经济地位、外国习俗与产品充斥的地区，并且与俄国接壤，内含与日本的冲突。与鼠疫扩散紧密联系的是19世纪末东北皮草贸易的兴起。

中国的边境

即使在普通的外国观察家看来，满族的文化习俗也与汉族明显不同。服饰，特别是女性服饰迥然相异；满族妇女不需要服从裹脚的汉族习俗，反而穿着通常有4—6英寸高的厚底鞋，更加衬托本已高挑的身材。她们穿着满族男人那样的宽松长袍，用独特的头饰包裹头发。[2]清政府在历史上长期坚持满族文化的特性与崇拜，彰显其不同于汉族的祖先起源。实际上，18世纪清政府推出“满洲”（东北）的概念，作为缓冲与北方邻国俄国的冲突的一种构想。[3]然而，事实证明满族文化并不像其他边疆民族如蒙古族的文化那样具有弹性和稳定性。到20世纪初，蒙古族的身份与语言仍然持续，但是满族人的语言却在消亡，很多满族人已经被同化，而占中国人口绝大多数的汉族正处于民族意识浪潮。即便如此，1911年的东北，仍然被在其他地方受到排挤的满族人视为安全和可靠的避难地。[4]

东北的新铁路立即带来汉族移民的涌入，他们很多来自山东省，搭乘轮船渡过渤海湾，长期居住或短暂停留。从大连开始，这些移民向北迁徙，在东北的煤矿和铁矿寻找工作，在边境地区务农和从事皮毛贸易。据弗兰克·利明（Frank Leeming）估算，在1906年的奉天，马车运输业雇用了两成的劳动力，仅次于作为最主要劳工职业的家政服务。[5]在1906年的奉天，男女人口比例大约在2∶1，表明背井离乡的单身流动移民在利用这条铁路寻找新的工作和机会。

1910年中国东北人口大约是1250万，大多数人居住在少数几座大城市之外的地方。[6]主要的城市区域包括：位于奉天的满族皇宫旧城，1906年城市人口为18万；俄国人在1896—1905年期间打造的铁路城市哈尔滨，20世纪初期的人口约为4万；位于渤海湾的铁路系统南部终点站城市大连，人口约为4万；附近的旅顺口是规模较小的重要海港城市，大约有1.4万居民。[7]

20世纪的第一个十年行将结束，满族传统文化在俄国中东铁路沿线区域受到来自北方、日渐加剧的俄国化的冲击。北方城市哈尔滨是俄国文化与影响的中心。在东北南部，有来自日本的影响。日本通过日俄战争占领新式的商业港口城市大连，在此之后向整个东北南部输入一种纯粹的现代日本文化。在作为满族传统都城的奉天周围，也只有在这样的中心地带，汉族和满族文化才能够在俄国和日本这两种外国利益的相互冲突下以相对和平的方式存在。

中俄边境沿线的乡镇，远离北京或圣彼得堡的中央权力，生活艰苦且随意。位于中东铁路终点站的中国小城满洲里，距离西伯利亚东部边境只有10英里，这里的铁路区域大概有200户俄国家庭，当地常住人口包括5000多俄国人和2000多中国人。然而，在旱獭捕猎季节，中国人的数量会骤然增加到大约一万人。从1910年拍摄的满洲里照片看到，沿着广阔的泥土路，排列着矮小简陋的单层房屋，一片平坦和光秃的景象；夏天炎热多尘、气候恶劣，冬天寒冷刺骨、积雪稀少，甚至缺少通常沿河边建造贸易城镇的地理位置。靠近贯穿亚洲的铁路干道的边境位置，给予满洲里在自然条件之外的重要战略地位。这里仅有的一家旅馆在过去一百多年来始终默默无闻。

城市与农村生活的对立是殖民文化的典型特征。19世纪中期，西方建筑与城市规划理念已经传播到亚洲，具有代表性的有越南西贡的法式大街、上海外滩的希腊复古风格建筑、南满铁路线上的大和旅馆，以及哈尔滨华丽的东正教教堂。然而，在这些受欧洲文化影响的少数焦点之外，中国东北依然是传统的，几乎没有被这些列强的野心触及。

在少数主要的城市中心之外，几乎不存在现在所谓的基础设施建设。“东北的陆路是糟糕的，在不同的城镇之间只有或多或少的路径，充其量只能算是车辙”。[8]建筑石材的稀缺也阻碍建设目的地更远的运输道路。当雨季来临，这些车辙通常低于地面，也就成为泥泞的沼泽。有位访客描述自己曾经看到骡子溺死在这样的沼泽公路。然而，到了冬季，地上被冻得严实后，这些公路又要承载大量的两轮大车。“这些车辆每辆载有1.5—3.5吨货物，由八九匹骡子拉着，车队长度有时达到800米，装着当地和外国生产的各类货物”。[9]除此之外，丰富的水道资源在夏季提供了有效的驳船货运，当冬季结冻以后又可以作为货运马车通行的公路。

当时的游记描述了东北的各种光怪陆离，有时甚至对那些熟悉旧中国的人来说也是陌生的。在这些“光说不做冒险者”（即道听途说的猎奇者）的种种描述中，不乏在法场行刑日“土匪”项上人头落地成堆的血腥味十足的照片。[10]探险家理查森·赖特（Richardson Wright）于1911年春到访东北北部的中等规模城市齐齐哈尔，不仅提供了当地公共假日处决罪犯的生动记录，还对那里的城市街区生活进行了生动多彩且毫无掩饰的欧洲中心主义描述。

> 在齐齐哈尔主街广场的一个摊位，人们在售卖棕色闪光、黏乎乎的海带条。旁边坐着一对代人写信者……那里蹲着一个修鞋匠，面前摆放的工具落满灰尘。齐齐哈尔的修鞋匠、代人写信者、剃头匠、游方郎中，以及其他很多人，就在露天下忙碌工作。郎中通常两人一组，竖起帐篷，摆上座椅，在案台上散放

> 着大量的废弃物、春药、饰物，祛除邪魔、马铃薯瓢虫与鼠疫的符咒和颈饰，以及很多用沾满污垢的小瓶子装的简单药剂、甘油、碘酒、硝酸精油和在药店常用的东西。挂在帐篷边上的是当地人画的令人毛骨悚然的彩色人体解剖图。一旦有病人进来，郎中即将他推到椅子上，或是打听他的病历，或是帮他包扎伤口，又或是去做其他必须做的事情，所有种种毫无隐私可言。面对周围好奇张望的人群，病患只是回以无动于衷的瞪眼，似乎没有丝毫的反对。[11]

作为清朝统治者的祖先之地，中国东北对于维系满族权威与满族权力的合法性具有重要地位。在整个 19 世纪，清政府不断增加朝廷国库的支出，用于继续支持满族屯兵全国，同时要求使用满族语言作为国家机密的交流手段。朝廷颁布律令，要求清朝官员必须熟练使用重复较多且日渐失效的满语（从蒙古文派生出来的一种非中文语言的书写形式）。满族人自 1644 年入关以来想尽办法，寻找中国东北与中国其他地方的合理关系。它的政策制定通常围绕各种移民方案，不仅鼓励汉族人（特别是来自附近省份）移居东北发展农业生产和打压当地满族势力，而且将东北视为流放发配那些棘手的满族依附者们（所谓旗人）的地方。[12] 东北远离北京的皇权中心，处于被称为总督、省督或省长的行政官员权力之下，在某种程度上成为“中国的荒野西部”。

1899 年，作为不祥之兆，腺鼠疫在中国的南方地区，尤其在香港，演变成为大流行。[13] 当年 7 月，牛庄的一位西医在城墙外的村庄发现中国北方第一例有记录的病例。当地人认为这是从鼠疫肆虐的香港传入。在南方的香港和汕头到北方的牛庄港口，有一条繁忙的商业航线。虽然东北的鼠疫迅速得到控制，但是清政府采取行动是在暴发两个月、造成 2000 人死亡之后。清政府在牛庄成立了防疫委员会，建起了鼠疫医院和墓场，设立了基础的防疫规范。防疫委员会包括 15 名日本医生、1 位日本防疫工程师，随后又有 3 位俄国医生志愿者加盟。对鼠疫的防疫措施建立在当时最先进的科学基础上，即对病患的消毒和防疫。清政府明确禁止该委员会颁发任何强制性的管理规定。[14] 颇为有趣的是，防疫委员会负责人谢立山爵士能够利用这次早期发生的疫情对鼠疫的性质开展基础性的调查。他详细地分辨出这种最新发现的鼠疫菌存活所需要的温度、湿度与营养的环境条件。[15] 这次初发疫情于 1899 年夏达到峰值，12 月结束。据报道，这种疾病的暴发几乎全部限于中国人口，在当地居住的外国人当中只有少数几例死亡病例。

俄国人的渗透

俄国人在黑龙江河谷的影响和势力至少要追溯到16世纪。到了17世纪，清朝发现有必要塑造一个“满洲”的概念作为其发源的祖先之地，在与罗曼诺夫王朝旷日持久的领土纷争中巩固主权和网罗支持。[16] 1689年签订《尼布楚条约》的动力在于稳定和消除在清朝治下不同民族（主要是蒙古族人与满族人）与黑龙江沿岸地区俄国人之间不断发生的冲突。即便如此，这种边疆问题仍然持续到20世纪。不仅有很多俄国人往返边境贸易，而且俄罗斯移民的涌入使得中国边境的部分村庄成为事实上的俄国飞地。这种现代殖民的主要手段是铁路。随着铁路的引入，俄国与中国的陆上门路被打通，像俄国的伊尔共（Irgun）、中国的满洲里这样的市镇变得更加重要，超越了以往作为黑龙江沿岸运输站点与连接双边水路通道的传统作用。

横穿东北的俄国铁路的完工，减少了从中俄边境西边的满洲里经由齐齐哈尔和哈尔滨向东到达海参崴的路程，为俄国提供了渗透这一地区的走廊（通过东北境内的狭长地带），在中国北方牢固地植入来自俄国的殖民影响。作为俄国铁路公司在中国的总部（令人奇怪地被命名为中东铁路），哈尔滨在数年间已经成为中国土地上欣欣向荣的俄罗斯风格城市。在东北南部，“南满洲铁道株式会社”是日本殖民政策的工具，中东铁路的管理权紧密地与沙皇俄国政府联系在一起。军事、民事与经济活动的重叠是广泛的，甚至可能比在南方的日本势力范围更为错综复杂和盘根错节。

对当前讨论具有特殊意义的，是在俄国控制的中国东北地区设立的各类公共卫生、医疗的政策与实践。除了为中东铁路员工与在这些殖民地居住的俄国人提供医院和医疗服务之外，这些医疗机构通常承担的还有某些基本公共卫生活动的职责，包括疫情疾病监控，为政府和铁路官员提供防疫、隔离与相关事务咨询服务。

关于俄国医疗系统在铁路沿线村庄渗透并延伸到东北乡村的粗略和不完整情况，可以从各种散落的信息来源得到修补。总体来看，医疗护理与人员配备达到了令人惊叹的高级水平。俄国铁路公司在中东铁路沿线的满洲里和其他地方驻有医生，不仅为俄罗斯人提供通常的医疗服务，还帮助加强各类防疫工作。

日本人的渗透

在东北的南部海岸沿线，“南满洲铁道株式会社”的铁路沿线走廊地带，日本人的渗透最为显著。牛庄、旅顺口和大连等重要港口城市是日本在中国东北进行贸易以及军事行动的“门户”，也是日本在日俄战争中打败俄国赢得的重要战利品。牛庄和旅顺口是业已成型的东北城市，大连则完全是新兴城市，由俄国人开发和规划，目的在于建成大型的商业不冻港，用于补给沿海 14 英里以外旅顺口的军用港口和设施。俄国在东北南部建设一座全新港口城市的最初动力来自俄国军方，他们反对旅顺口“开放型”商业用途与“战略型”军事目的的混合掺杂。除此之外，俄国财政大臣谢尔盖·维特认为，必须整合铁路和港口事业，采用加拿大太平洋铁路和温哥华港口的成功模式。大连旋即成为俄国进口中国茶叶的主要地点（1903 年这里的进口量占俄国茶叶消费量的半数），以及中国东北地区农业产品的出口集散地。[17]

俄国最初将大连命名为 Dalny（俄语意思为遥远的地方），按照当时流行的国际“花园城市”形式进行规划，这座初具雏形的“远东巴黎”在战争之后落入日本人手中，随后陷入了破败和残缺。日本接手的几乎是一块白板，于是在此继续建设一座完全的现代城市，一座与众不同，具有广阔大街、医院、宾馆、学校和其他基础设施的窗口城市。[18]作为“南满洲铁道株式会社”的总部和终点城市，大连是日本商业与军事活动的重要地区。

南满铁路的北部终点站城市是距离奉天70英里的东北古城长春。在长春，铁路要改变轨距，换成由俄国控制的、通往哈尔滨的中东铁路。日本人的一项重要开发任务就是抢夺在奉天城外铁路支线上的抚顺等地丰富的煤矿资源。南满铁路的另一条支线从奉天通往边境的安东，也为日本在朝鲜新近获取的各种利益提供了铁路通道。因此，满族人在奉天的传统地位，同样地逐渐面临日本强加于中国的各种巨变。

皮草贸易

吸引山东人横穿渤海湾而来的原因之一，是东北地区利润丰厚的皮草贸易。东北皮草出口的绝大部分由两种皮草组成：为获取毛皮而特别饲养的犬类，以及被称为蒙古旱獭（西伯利亚旱獭）的草原啮齿目野生动物（见图5.1）。正是蒙古旱獭为从南方来的流动捕猎者们提供了新的机遇。

长期以来，至少是从13世纪开始，这些常见的穴居啮齿目动物就已经成为蒙古人与东北北部居民的主要食材之一，马可·波罗与鲁布鲁克（William of Rubruck）的东方游记对此均有记载。[19]正如马可·波罗记载，“他们

［当地部落］的食物主要包括肉类、奶类、鸟兽，以及在草原上为数众多、随处可得的埃及獴［旱獭］(Pharaoh's rats)"，"旱獭是个头较大的动物，因此人们整个夏天都可以以此为食"。鲁布鲁克记载，旱獭冬季喜好大的洞穴用于冬眠："它们当中同样有部分个头较小的被称为土拨鼠，20 或 30 只聚在一个洞穴中，整个冬季在那里冬眠六个月。它们因此被大量捕获。"现代文献描述了用传统方法对旱獭的烹饪过程，用烧红滚烫的石头填满旱獭的躯体，烤制一道被称为"波多克"(bodok)的菜肴。[20] 正是这种小动物对鼠疫灾难在东北的传入起到多种重要作用。

图 5.1　蒙古旱獭（西伯利亚旱獭）

［图片复制得到戴维·布兰克（David Blank）的同意］

蒙古旱獭是蒙古和东北高地草原上常见的栖息动物，个头相比在北美地区常见的黄腹土拨鼠（M. flaviventris）、美洲旱獭（Marmota monax）较大。这些动物夏季活跃，三年左右成年。每只雌鼠生育的幼崽较少，大约三到四只，但是当时的总数似乎较为稳定。[21] 这种动物俄语称为塔尔巴甘（tarbagan）、蒙古语称为塔瓦咖（tarvaga），汉语则称为旱獭（旱地獭）。中亚和中国东北的草原为游牧民族提供了开放的牧场，他们长久以来为衣食而捕捉旱獭。然而，到了19世纪，农业耕作和家禽饲养在很大程度上取代了游牧业，捕捉旱獭主要是穷人维持生计的活动。从传统上来看，含脂肪量高的旱獭不仅提供高热量的食物，还有多种民间药材。[22]

蒙古旱獭的皮毛在某种程度上是粗糙的，显淡黄褐色，尽管长期作为当地人的衣物材料，但是直到20世纪初期也没有被视为贵重的皮草。1911年版的《大不列颠百科全书》用嘲讽的口气记载："它始终就是劣质皮草，毫无值得推荐的优点可言。"[23] 然而，到了19世纪90年代，德国化工产业的蓬勃发展对遥远的中国东北的旱獭捕猎产生了巨大影响。有机化学家发明的新苯胺染料，让莱比锡和维也纳的皮货商们可以将旱獭皮染成貌似紫貂、水獭、水貂等所有名贵和高价格的皮货。柏林苯胺公司用"乌索"（Ursol）[24] 的通用名称向市场出售一系列芳香胺染料的皮货。这些皮货 1898 年被引入莱比锡，一年后又传到英国。当时，对旱獭皮草的染色成为莱比锡与英国印染商的主要业务。[25] 在这些合成染料被推广之前，使用仅有的木质染料方法需要大量的技术和经验。然而，乌索的问世，“引发了皮货染料商的大量增长，他们当中大多数几乎对皮货印染行业知之甚少，但是却达到了预期的效果。旱獭染料的成果价格从最初的每件 9 便士到 1 先令，随着小型印染商纷纷进入行业竞争而降低，最终落到 6—7 便士，以及最后的 3 便士”。[26]

维也纳皮货商开发出了一种印染皮衣成品的方法，可以完美地实现对称的阴影和条纹，无需耗费大量精力用于配对拼贴许多自然成色的小块皮草。[27] 关于旱獭皮草的市场需求，据报伦敦皮货市场在 1905 年到 1906 年的旱獭皮草销货量达到 160 万张，而海狸皮仅有 8 万张，旱獭皮草销量仅次于松鼠、负鼠、麝鼠与羚羊皮。[28] 这些旱獭皮草价格在每张 9 便士到 2 先令 6 便士不等。[29]

亚洲市场在旱獭皮草方面同样活跃。经蒙古向俄国的出口记载表明：1865 年仅出口 3 万张旱獭皮草，到 1892 年这个数字飙升到 140 万张，在 1906 年到 1910 年期间为 1300 万张，增长了逾 400 倍。由于这些数据只限于出口俄国，不包括出口到其他国家的数据，因此并没有反映出当时旱獭捕猎行业疯狂状态的全貌。[30]

捕猎旱獭在当时有好几种方法。大多数捕猎技术依靠的思路是，旱獭是一种高度警觉的动物，只有当其注意力被集中到其他吸引注意力的行动或装置，猎户才能接近。有一种传统的方法是采用训练有素的猎犬，作为自然捕食动物来吸引旱獭的注意力。旱獭不急于寻找掩体，而是在地面上保持固定姿势，观察悄悄靠近的猎犬。这时候，猎户可以接近到足够近的距离进行射杀，传统上使用的是弓和箭，近代以来使用步枪。没有猎犬的猎户使用的是一种更为有趣的方法。传统猎户穿戴不同寻常的装扮：白裤、白上衣，以及通常向上竖直的、犹如兔耳似的帽子（见图 5.2）。他使用 6—8 英

图 5.2　旱獭猎户

杜格沙汉姆·兹瑞纳迈德（Dugarsham Tserennadmid）拍摄，感谢恩瑞科·马斯瑟洛尼（Enrico Mascelloni）提供

寸长、被称为达鲁尔（daluur）的穗子，用白马或牦牛尾巴固定到木质小把手上。猎户摇动达鲁尔，如果顺利的话，旱獭会激动起来，但是并不躲藏，而是发出具有自己特点的警告叫声。猎户踩着小步朝猎物蜿蜒前行，他匍匐向前，帽子上的一对耳朵竖直朝向天空。当距离旱獭只有 90—100 步的时候，他趴在地上。如果旱獭停止呼叫，猎户开始摇动头部，晃动两只白耳朵进一步刺激旱獭。这种捕猎行为被视为在模仿捕捉旱獭的狼（自然界的食肉动物），目的在于引起持续不断的呼叫与假定的干扰。

随着新铁路线带来的人口涌入，富裕的皮草商人开始雇用由俄国人与中国人组成的队伍，配备捕猎旱獭的必需品。这些队伍使用的不是传统的方法，而是更多地在旱獭洞穴的入口处设置陷阱，以及直接挖开洞穴搜寻受伤甚至是生病的旱獭。[31] 捕猎旱獭共分春秋两季。春季从 3 月中旬到 5 月底，秋季则是从 8 月底到 10 月初。秋季捕获的皮草被视为质量更好，价格也更高，因此秋季捕猎更为普遍，1910 年秋的旱獭捕猎季也不例外。俄国旱獭专家安纳托尔·S. 卢卡斯金（Anatole S. Loukashkin）估算，在 1909 年到 1901 年期间，中国东北北部共有超过 1.2 万猎户的组织。[32] 除了这些有组织的群体之外，还有许多流动的业余猎户。这些来势汹汹的捕猎新模式，受到世界旱獭皮草需求增长的驱动，最终导致东北的旱獭在 20 世纪 20

年代中期以前几乎绝迹。[33]

据说，蒙古旱獭的警告叫声听上去很像汉语词汇 Pu p'a（拼音为 bu pa，意即“不怕”），猎户以此推断为健康旱獭的信号。同样，猎户称自己能够通过切开旱獭的脚爪识别生病的旱獭，如果流血不止，旱獭则被判定为健康。然而，生病的旱獭即使无人食用，其皮毛通常仍然被售卖。

部分专家认为旱獭捕猎的传统方法目的在于避免接触受到鼠疫感染的动物。即使是 19 世纪末关于旱獭捕猎的记载，同样有描述这种无所不在的啮齿动物在外贝加尔和蒙古人生活中的重要作用。[34] 旱獭的价值在于食肉、皮草，以及可以用于润滑皮草和照明的丰富脂肪。这种脂肪油在尼布楚和斯利坚斯克的西伯利亚市镇上按桶售卖。俄国观察家报道，当地人发现了一种周期性的流行疾病，俄语称为基马（chyma），意即“鼠疫”（在俄语中，基马用于描述鼠疫杆菌导致的疾病，但是在口语中使用更加广泛，包括牛疫和西伯利亚鼠疫在内的炭疽病）。[35] 在旱獭身上的这种病症描述如下：“旱獭衰弱无力，停止叫唤；步态不稳，在一侧的肩膀下面有时出现红色、灼热的肿胀；如果远离洞穴，旱獭无法寻到安身之所，易于沦为敌手的猎物……布里亚特人有另外一种测试方法，可以判断旱獭是否带有疾病。他们切开旱獭的爪底，如果发现血液凝固则判断旱獭带病，随后扔给猎犬食用。颇为有趣的一个事实是无论犬还是狼（吃掉了大量的旱獭）均不会感染疾病。”英国疑难杂症专家弗兰克·G. 克莱莫（Frank G. Clemow）对此评论，认为狼食用生病旱獭可以解释“这种疾病传播给人的现象相对罕见”。[36] 然而，这种病毒能够对人造成致命的疾病，他叙述了在外贝加尔与蒙古当地暴发的数次鼠疫或是发生在从事旱獭捕猎、皮草加工的家庭，或是其他与旱獭这种动物紧密相关的人群。这些当地的记载均报道这些被感染者的迅速发病和几乎百分之百的死亡率。总结来看，这些早期的报告表明，当地人已经了解旱獭传染病及其人体危害性。相对仪式化的捕猎仅对捕捉健康旱獭发挥作用。这些方法的产生来源，结合了动物萨满教或在观察反复发生的传染病的实证基础上的其他文化实践。[37]

东北沿黑龙江的北部地区是旱獭捕猎的主要中心之一。北方的针叶林在此与山脉高地草地相连，向南通向开阔的草原。这里气候干燥，四季变化极端。在 20 世纪前十年，旱獭猎户们生计艰难。有位居住在都市的中国人这样描述，“他们经常很难找到吃喝的东西。因此，他们吃的是旱獭肉，喝的水则是将毛巾放在草地上，在夜间浸湿后挤出来的露水。猎户在这种环境下自然身体虚弱，容易被感染。当他们回到满洲里的达沃利（Dawooly）或其他镇子，他们就像盒子中的沙丁鱼一样被安排在房间里面，因此很容易感染和传播鼠疫”。[38]

因为满洲里是旱獭皮草交易的主要中心之一，猎户和皮草商季节性的涌入使得当地现有旅馆无法承受。某位当代观察家指出："我对这些猎户狩猎归来的住所类型做过一些调查。它们是由坚硬的木材铺开建造的仅有一层高的小房间。每个单元包括20至40个卧铺，排成可见的三层或四层结构。窗户很少打开过，这些房间到了狩猎季拥挤不堪，房客和他们经常随身携带的皮草原料散发出异味，或许为鼠疫形式的感染创造了条件。"[39]

猎户捕捉到旱獭之后，通常就在现场剥去皮毛，然后晒干，从1000张到1780张不等捆成一捆，由中东铁路公司（从1911年开始）进行消毒，然后出口到英国、美国、俄国、德国等主要市场。[40] 这些作为流动群体的旱獭猎户根本没有意识到，一旦维持地方性鼠疫脆弱生态系统的传统捕猎模式被打破，这些看似取之不尽用之不竭的小动物也会转变为死亡和灾难的源头。

鼠疫的宿主及历史

历史学家对各种自圆其说的起源故事表现出某种着迷。在鼠疫的问题上尤为如此。实际上，"历史方法论"对流行病学家的科学方法同样重要。鼠疫源问题也不例外，相关故事的涵盖范围从推测型延伸到诗学型。很多作者已经讨论过中国东北鼠疫的起源，包括鼠疫防治的重要参与者伍连德，以及数位德高望重的历史学家。两个未知因素得到承认：首先，没有对最初病症进行调查，现在仅有初期死亡病患的零散记载；其次，旱獭作为这次鼠疫的源头，仅仅是根据具体情况推测的。

除了考察各种起源说之外，部分具有历史性思维的医生和科学家通常质疑，“这种疾病是否就等同于我们今时今日的理解？”或者，有时更为简单，“究竟鼠疫是什么？”对这些问题有两种反应。一种反应是“这个问题重要吗？”，将雅典大瘟疫与现阶段发现的部分疾病联系起来是否有意义？或者，是否已经足够理解雅典人造成瘟疫的原因、瘟疫对他们世界造成的影响，以及后世人如何看待？另一种反应质疑的是：如果将疾病的现代知识运用到历史语境，我们就鼠疫能够提出怎样的其他历史问题？因此，“回溯诊断”（Retrospective diagnosis）的做法既有拥护者也不乏批评者。[41] 然而，值得重视的是，对于东北鼠疫的案例而言，我们对自己的诊断非常自信：毫无疑问的是东北病患感染了鼠疫杆菌。至于这种生物体是否同样导致了黑死病和查士丁尼大瘟疫等曾经的鼠疫，将会是一个有趣的问题，虽然有人尝试这样的思考，但是对于理解东北鼠疫源可谓无甚关系。[42]

然而，科学提供的洞见确实有助于我们理解鼠疫作为一种生物体、人类与动物的某种痛苦的历史、进化和生态学。历史学家已经合理地质疑了起源说和“回溯诊断”。鼠疫，特别是14世纪发生的、后来被称为黑死病的瘟疫，吸引了几乎和修昔底德笔下的雅典大瘟疫一样的关注度。传统意义上来讲，黑死病被认为是与鼠疫杆菌相关的瘟疫，尽管建立在症状学、鼠群结构、流行病学考量问题基础上的修正主义历史，已经质疑鼠疫杆菌导致这场鼠疫（以及其他鼠疫）的说法。然而，这些假设在现阶段被无可辩驳的生物学证据有力推翻，显示黑死病实际上就是鼠疫杆菌引起的一种瘟疫。[43]从这场瘟疫的多个坟场提取的基因样本证据，一致显示出鼠疫杆菌在这一地区（鼠疫灾害最为广泛的地方）的特殊和具体变体。

运用现代细菌科学补充鼠疫世界历史叙述的最初尝试，其中之一是迪瓦尼亚（Devignat）1951年的建议，他对鼠疫菌不同亚群组进行被称为生物变型（简称bv.）的细菌学分类，这些生物变型看似具有地理上的特征，可用于追溯鼠疫暴发。[44]因此，他识别出三种不同生物变型：现代或第三次世界大鼠疫的源头东方型菌株；仅限于中亚、东北亚，以及中非地区的古典型菌株，据他推测是造成6世纪查士丁尼大瘟疫等古代鼠疫的原因；在俄国的高地草原发现的中世纪型菌株，他认为这是引发以14世纪中叶黑死病为代表的中世纪或第二次大鼠疫的生物变型。这些鼠疫杆菌的生物变型，最初是以其细菌培养特征为属性，即每一类型在实验室培养皿生长的各式条件。例如，东方型菌株的生产不能仅依靠甘油作为能量的糖分来源，古典型菌株则与之不同。

迪瓦尼亚的建议引起细菌学家的认真研究，他们开始迅速采用对鼠疫杆菌分类的精炼，但是或许过于笼统，没有考虑到异常变体需要各种历史性假设的严格测试。然而，在现阶段，决定多种耶尔森氏菌样本的整个基因组序列，以及从数百种分离菌分析具体的基因组，使得科学家们可以构造出全球鼠疫杆菌变体的清晰谱系图。[45] 这种新知识可以被用于考察关于鼠疫大流行的数种近期历史叙述。

莫雷利（Morelli）等人近期的基因组学（Genomics）研究，考察了不同地理区域的近一千种鼠疫杆菌的分离菌。[46] 这种分析的两个重要结论是鼠疫杆菌产生于 1.5 万年到 2 万年前的中国，来源于一种被称为假结核耶尔森氏菌（Yersinia pseudotuberculosis）的古老耶尔森氏菌样本，单一菌源的清晰系统发生树（Phylogenetic tree）可以联系到鼠疫杆菌的所有分离菌。假结核耶尔森氏菌是能在人体或动物体内引起自限性肠道细菌感染的细菌。[47] 然而，除了极个别病例，它可以侵入心血管系统，引起严重的，通常是致命的败血症。从杆菌到假结核耶尔森氏菌的进化过程，存在染色体或病毒性的质粒（Plasmid）的基因获取，形成通过蚤类感染和传播的能力，以及容易侵入心血管系统的能力。因此，这种进化过程涉及昆虫媒介生物学以及宿主病理生理分布的各种变化。然而，在杆菌的三种传统生物型之外，中亚、内蒙古地区近期发现了一种被命名为田鼠属（microtus）的生物体，西伯利亚旱獭是其主要感染宿主。[48]这种生物体的有趣之处在于其病原性似乎仅限于穴居动物，对人类则是无致病性的。

为了从历史记载中厘清鼠疫杆菌生物体的病源（被演化生物学家称为“辐射”），阿赫特曼（Achtman）及其同事们的研究发现，正如埃森伯格、本尼迪克等作家此前提供的间接证据表明，[49]新大陆的分离菌全部来源于1894年至1895年的香港鼠疫。而且，这些分子学数据有力地支撑了这样的观点，即鼠疫杆菌从假结核耶尔森氏菌的早期生成发生在中亚和中国，该地区的旱獭是数个世纪以来的主要物种。李艳君等人已经辨别出当下中国与旱獭相关的15种鼠疫源的其中7种。[50]

手头掌握了这些新的数据，我们现在能够更加细致地寻找清末东北鼠疫的起源。这场鼠疫首先出现在东北和外贝加尔的边境地区，这里正是古典型菌株生物菌仍然存在、分支动物田鼠属生物变型在当地旱獭中仍然流行的地带，不太可能是香港鼠疫涉及的东方型菌株辐射。我们（还）

没有任何与东北鼠疫有直接联系的样本的基因组序列分析，甚至也没有任何来自东北西北部的数据（尽管从殉难者坟墓取得的样本仍然可能具有价值）。最为简约的阐释是病源从中亚的原发地向东进入中国蒙古和东北的简单直接传播。[51] 中国东北现阶段为数不多的生物变型数据，支持这种独立的迁移假说。来自中国东北的 8 种鼠疫杆菌样本，经过染色体组基因测序的分析，以及相关文献的报道，表明其中 6 种为古典型生物变型，2 种为中世纪型生物变型。[52] 从系统发生学来讲，这些生物变型的个别菌株正是假结核耶尔森氏菌进化树的主干（根）早期的分支（所谓第二分支），这样的事实表明它们有可能是源于中亚，而并非经由作为东方型菌株生物变型代表的云南—香港分支辐射而来。[53]

生态位：文化与生物

流行疾病是生态位（ecological niche）* 变化的一种表现。当被感染的病体出现调整，在宿主和寄生物之间必定达成一种新的平衡。或者，当宿主发生变化，新的选择通常促使微生物发生新的调整。通过清末东北鼠疫的案例，

* 生态位，又称小生境、生态龛位，是一个物种所处的环境以及本身生活习性的总称。

我们已经看到，新的人口、新的技术和新的政治共同造成鼠疫杆菌的传播，以及在由人类与旱獭组成的传统亚洲社群中存在的或多或少的平衡状态。流行病可能源于新兴的致毒性菌株，但是可能更多时候是提供疾病传播新机会的人类行为所造就的新生态位的开始。是什么导致了清末东北鼠疫？或者简单地说是什么导致了“鼠疫菌”的产生？那些无知的旱獭猎户？莱比锡的化学家们？俄国和日本的铁路大亨们？匮乏的公共卫生措施？瘫痪的政治体系？答案是：皆有可能。

注释

1 Pamela Kyle Crossley, The Manchus（Cambridge：Blackwell, 1997）, 189—205.

2 Alexander Hosie, Manchuria：Its People, Resources and Recent History（Boston：J. B. Millet, 1910）, 24—25.

3 Crossley, The Manchus, 103—104.

4 同上，第 189—195 页。

5 Frank Leeming, “Reconstructing Late Ch’ing Fengt’ien,” Modern Asian Studies 4（1970）：305—324.

6 Henri Cordier, in The Catholic Encyclopedia, vol.9（Robert Appleton Co., 1910；online ed., 1999）.

7 亚瑟港（Port Arthur）成为旅顺口的西方称谓，发生在第二次鸦片战争期间（1860 年 8 月），当时英国皇家海军上尉威廉·C. 亚瑟（William C. Arthur）麾下的英国舰船在此修理。

8 Historical Section of the Foreign Office, Manchuria, No.69（London：HMSO, 1920）, 24.

9 同上。

10 Richardson L. Wright and Bassett Digby, Through Siberia：An

Empire in the Making（New York: McBridy, Nast, 1913）, 216.
11 Wright and Digby, Through Siberia, 210—211.
12 Crossley, The Manchus, 6—8.
13 关于香港鼠疫的相关叙述，参见 William John Simpson, A Treatise on Plague Dealing with the Historical, Epidemiological, Clinical, Therapeutic, and Preventive Aspects of the Disease（Cambridge: The University Press, 1905）; William C. Summers, "Congruences in Chinese and Western Medicine from 1830—1911: Smallpox, Plague and Cholera," Yale Journal of Biology and Medicine, 67（1994）23—32; Carol Ann Benedict, Bubonic Plague in Nineteenth-Century China（Stanford: Stanford University Press, 1996）; 以及 Mary P. Sutphen, "Not What, but Where: Bubonic Plague and the Reception of Germ Theories in Hong Kong and Calcutta, 1894—1897," Journal of the History of Medicine and Allied Sciences 52（1997）: 7—16。
14 Hosie, Manchuria, 58—63.
15 关于他本人的各种发现，参见上文，第 61 页。
16 黑龙江全长 1755 英里，不冻季节可以全程通航，入海口在海参崴附近。渔业和交通运输是与黑龙江相关的主要经济活动。
17 关于大连作为俄国港口城市的崛起及其详细分析，参见 Masafumi Asada, "The Chinese Eastern Railway and the Rise of Port Dal'nii（Dalien）: 1898—1904"（in Japanese, English abstract）Slavic Studies 55（2008）: 183—218。
18 关于大连在日本统治下的宽领域发展历史，以及其在东北公共卫生现代化过程的重要性，参见 Robert J. Perrins, "Doctors, Disease and Development: Engineering Colonial Public Health in Southern Manchuria, 1905—1926," in Building a Modern Japan: Science, Technology, and Medicine in the Meiji Era and Beyond, ed. Morris Low（New York: Palgrave Macmillan, 2005）。
19 Marco Polo, *The Travels*, transl. and with an introduction by Ronald Latham（Hammondsworth: Penguin, 1958）, 98, 330. 同时参见 William of Rubruck, "The Journal of Friar William of Rubruck, 1253—1255," in Contemporaries of Marco Polo, ed.

Manuel Komroff (New York: Dorset, 1989), 66。

20 Anatole S. Loukashkin, "The Tarbagan or the Transbaikalian Marmot and Its Economic Value," Comptes rendus du XII Congrès International de Zoologie, Lisbonne, 1935, 2233—2293.

21 Ya. Adya, "Marmot Hunting in Mongolia," in Holarctic Marmots as a Factor in Biodiversity, ed. V. Yu. Rumiantsev, A. A. Nikol'skii, and O. V. Brandler, Abstracts of the Third Conference on Marmots, Cheboksary, Russia, 25—30 August 1997 (Moscow: ABF, 1997), n.p.

22 Loukashkin, "The Tarbagan," 2266—2269.

23 Encyclopaedia Britannica, 11th ed., s.v. "fur," 354.

24 T. R. V. Parkin, "Fur Dyeing," Journal of the Society of Dyers and Colourists, Jubilee Issue (1934): 203—207.

25 同上，第 204—205 页。将旱獭皮草印染成为水貂或紫貂是一种复杂的过程。这些皮货首先用石灰与硫酸亚铁处理，随后经过对苯二胺（Ursol D）、氨基苯酚 HCI（Ursol P）、连苯三酚酸、氨与过氧化氢的 85 度浸泡 2 个小时。处理完毕，在表面继续涂刷对苯二胺，给皮草染色亮光。

26 同上，第 205 页。

27 Encyclopaedia Britannica, 11th ed, s.v. "fur," 354.

28 同上，第 348 页。

29 同上，第 351 页。

30 Adya, "Marmot Hunting," n.p.

31 Loukashkin, "The Tarbagan," 2286—2287.

32 同上，第 2289 页。

33 同上。

34 Frank G. Clemow quoted cases from the Russian literature of 1895 by Biéliavski and Riéshetnikof in "Plague in Siberia and Mongolia and the Tarbagan (Arcomys bobac)," Journal of Tropical Medicine 3 (1900): 169—174.

35 同上，第 170 页。

36 同上。

37 N. A. Formozov, A. Yu.Yendukin, and D. I. Bibikov, "Co-adaption des marmottes (Marmota sibirica) et des Chasseures de Mongolie," in Biodiversité chez les marmottes, ed. M. Le Berre, R. Ramousse, and L. Leguelte (Moscow: International Marmot Network, 1996), 37—42.
38 Ch'uan Shao Ching, "Some Observations on the Origin of the Plague in Manchouli," in Report of the International Plague Conference Held at Mukden, April 1911, ed. Richard P. Strong (Manila: Bureau of Printing, 1912), 29.
39 Ch'uan Shao Ching, "Some Observations," 30.
40 Loukashkin, "The Tarbagan," 2288.
41 参见，例如 Mark Harrison, Disease and the Modern World (Cambridge: Polity, 2004), 76; 以及 Adrian Wilson, "On the History of Disease-Concepts: The Case of Pleurisy," History of Science 38 (2000): 271—319。
42 Samuel K. Cohn, Jr., The Black Death Transformed: Disease and Culture in Early Renaissnace Europe (London: Arnold, 2002); David Herlihy, The Black Death and the Transformation of the West, ed. S. K. Cohn (Cambridge: Harvard University Press, 1997); Susan Scott and Christopher J. Duncan, Biology of Plagues: Evidence from Historical Populations (Cambridge: Cambridge University Press, 2001); and Graham Twigg, The Black Death: A Biological Reappraisal (New York: Schocken, 1985).
43 Kirsten I. Bos et al., "A Draft Genome of Yersinia pestis from Vic-tims of the Black Death," Nature 478 (2011): 506—510; Stephanie Haensch et al., "Distinct Clones of Yersinia pestis Caused the Black Death," PLoS Pathogens 6 (2010): e1001134; Ole J. Benedictow, What Disease Was Plague?: On the Controversy over the Microbiological Identity of Plague Epidemics in the Past (Leiden: Brill, 2010).
44 R. Devignat, "Variétés de l'Espèce Pasteurella pestis: Nouvelle Hypothèse," Bulletin of the World Health Organization 4 (1951): 247—263.

45 参见 Dongshen Zhou et al., "Comparative and Evolutionary Genomics of Yersinia pestis," Microbes and Infection 6 (2004): 1226—1234; Yanjun Li et al., "Genotyping and Phylogenetic Analysis of Yersinia pestis by MLVA: Insights into the Worldwide Expansion of Central Asia Plague Foci," PLoS ONE 4 (2009): e6000; and Giovanna Morelli et al., "Yersinia pestis Genome Sequencing Identifies Patterns of Global Phylo-genetic Diversity," Nature Genetics 42 (2010): 1140—1143。

46 Morelli et al., "Yersinia pestis Genome Sequencing."

47 Mark Achtman et al., "Yersinia pestis, the Cause of Plague, Is a Recently Emerged Clone of Yersinia pseudotuberculosis," Proceedings of the National Academy of Sciences, U.S.A. 96 (1999): 14043—14048. 这种宽广范围的基础在于，古典型菌株涉及的是至少可以追溯到 6 世纪的查士丁尼大瘟疫，其分子钟数据（即基因组序列趋异）预计至少起源于 2 万年前。

48 Zhou et al., "Comparative and Evolutionary Genomics."

49 Achtman et al., "Yersinia pestis, the Cause of Plague," and Morelli et al., "Yersinia pestis Genome Sequencing"; Benedict, Bubonic Plague; Myron Eschenberg, Plague Ports: The Global Impact of Bubonic Plague, 1894—1901 (New York: New York University Press, 2007); and MacFarlane Burnet and David O. White, Natural History of Infectious Disease, 4th ed. (Cambridge: Cambridge University Press, 1972), 230.

50 Yanjun Li et al., "Different Region Analysis for Genotyping Yersinia pestis Isolates from China," PLoS ONE 3 (2008): e2166.

51 Li et al., "Yersinia pestis Isolates from China," 5; Mark Eppinger et al., "Draft Genome Sequences of Yersinia pestis from Natural Foci of Endemic Plague in China," Journal of Bacteriology 191 (2009): 7628—7629.

52 Morelli et al., "Yersinia pestis Genome Sequencing," figs. S.2 and S.3.

53 同上，图 S.2。

第六章

鼠疫与政治

中国东北地区的地缘政治对峙

在鼠疫本身的一般叙述中通常出现国家对抗与地缘政治问题，在奉天万国鼠疫研究会相关的系列事件中更是如此。中国东北鼠疫的相关外交档案，记载了各国政府为在中国东北及东亚更大范围的各类利益进行的大量微妙和不那么微妙的政治斡旋案例。

在中国东北最为明显和最为公开的竞争对手是俄国和日本，然而法国、英国、德国和美国同样在此拥有利益。中国尽管可能在几乎所有方面都很薄弱，仍然不顾一切地运用任何能够取得外交和政治资本的手段，为自身利益平衡列强关系。俄国背后有法国的支持，在某种程度上，还有德国的利益。英国在支持日本，以制衡俄国。美国没有欧洲列强的传统联盟关系，乐观地在海约翰门户开放政策的框架下选择中立的政策。但是，在史上最严峻的鼠疫之一——清末中国东北鼠疫暴发期间，这些国际博弈究竟怎样在中国东北上演？

日本在中国东北和朝鲜

日本在中国东北实施着全方位、统一和持续的政策，由此导致全面的占领、1932 年“伪满洲国”傀儡政权的建立，以及第二次世界大战在亚洲上演的悲剧。从 1603 年到 1867 年，统治日本的是德川幕府（即将军，或多或少对应于“大元帅”的一种军衔）。马修·佩里准将于 1853 年带领美国舰队，迫使日本从闭关锁国走向开放海外贸易，部分带动了德川将军还权给以前作为无能傀儡的日本天皇。日本新天皇明治拥有的年轻支持者们，凭借 1868 年的皇权“复辟”，迅速地使日本走上了西方模式的现代化，特别是在军事现代化方面。对西方语言、文化，特别是科学与技术的学习受到鼓励，并成为国家政策工具。

军事现代化和西方教育培养了日本人的民族自尊，造成他们认同“白种亚洲人”，即自我认定为在社会与文化方面与欧洲人平等的亚洲人种。[1] 日本相信自己的命运在于最终成为泛亚运动（Pan-Asian movement）的领导者，这种认知造就了它在朝鲜，以及随后不久在中国东北的各种扩张主义政策。

19 世纪期间，朝鲜日益成为中国和日本之间对抗的焦点，最终暴发了 1894 年至 1895 年的甲午战争。朝鲜似乎并没有公开地受到清末东北鼠疫的影响，它的地缘政治作用在很多方面设定了鼠疫发展的语境。尽管朝鲜是名义上承认中国主权的传统朝贡国，但被迫与日本在 1876 年签订条约，其中第一条声明朝鲜是一个独立的国家。[2] 然而，1882 年，中国方面颁布与朝鲜相关的贸易法规，强调朝鲜是中国的朝贡国。为了应对中国对宗主权的重新主张，日本更加强烈地反对中国在朝鲜的支配权。中日双方都在加强力量，在朝鲜的这种对立局势为日后的争端提供了导火索。朝鲜王宫的主战派在汉城制造了不稳定局面，1882 年爆发反抗外国的“骚乱”，造成数名日本人丧命，日本国内的部分主战分子叫嚣开战。在仓促的外交斡旋之后，中国和日本最终均派出军队驻扎汉城。两国随后达成协定撤出大部分军队，但是 1894 年朝鲜发动“暴乱”，促使中国派兵前往朝鲜。此举的明确目的，正如中国给日本的照会所指出，在于“恢复我们朝贡国的和平”。日本拒不相信这种言辞，同样派遣军队。朝鲜国王要求双方撤离无果，但是日本相信朝鲜官员腐败是这次“暴乱”的根本原因，于是单方面占领朝鲜，逼迫朝鲜人废除与中国的协约，并向日本求助以驱逐中国人。1894 年 7 月下旬，日本击沉了一艘中国的运输船，中国正式对日本宣战，翌日开战。

这场战争对中国来说是一场灾难，日本在 1895 年 3 月取得了绝对的胜利，这对大多数观察家而言是一种意外，对中国人而言则是一种耻辱。随后的数轮谈判，以及最终的和平协定（被称为《马关条约》，以签订条约的日本城市命名），对于中国人来说是如此压倒性的、残酷和屈辱的，以至于俄国、德国和法国一起给日本施压，要求减轻战争赔偿，以“三国干涉还辽”闻名。

即使在同意减轻部分条款之后，日本仍通过辽东半岛南部的长期租界在中国东北获得了坚实的立足点，以及对台湾的控制权。这两项扩张主义政策的胜利助长了日本人成为东亚地缘政治主导力量的野心。这两块新兴占领地的重要意义，呈现于日本在 1910—1911 年中国东北鼠疫期间推行的战略。因此，鼠疫期间的中国东北局势是中日两国朝鲜政策的直接延续。

尽管《马关条约》结束了日本与中国之间现有的敌对行动，但是朝鲜局势持续恶化。1910 年 8 月 22 日，无能的朝鲜政府在没有获得朝鲜国王的批准的情况下与日本签订条约，割让朝鲜主权给日本。该条约 8 项条款的第 1 条，即声明：“朝鲜皇帝陛下永久割让整个朝鲜的全部主权予日本天皇陛下。”日本吞并朝鲜，对于中国人来说更加证实了日本在东北亚，包括中国东北的扩张主义计划。

欧洲列强和美国同样关注日本的扩张主义计划。早在

1907年，西奥多·罗斯福就曾为与日本之间的战事，甚至日本对美国发起攻击的可能性而担忧。德国人的赌注显然押在了日本人方面。在与远在柏林的德国总理伯恩哈德·冯·比洛亲王（Bernhard von Bülow）*的秘密通信中，德国驻华盛顿大使赫尔曼·斯派克·冯·施特恩堡（Hermann Speck von Sternburg）写道：

> 毫无疑问，日本意在控制太平洋，向南扩张国土，占领中国［德国皇帝旁注："正确"］……总统［罗斯福］答复，他面临着来自海军方面的一个棘手问题：如与日本开战，在远东的设防港将作为基地。倘若在交战之后没有港口修理，即使最强的军舰也注定失败……总统阁下言及日本在战争爆发后入侵美国的可能性。我们谈话结束之前，他沉默许久，然后说道："如果日本武力入侵美国，我们的军队将会遭受重创。这次教训将会导致彻底的军事重组［德国皇帝旁注："战争没有意义"］；在实现重组之后，日本军队如果还没有撤出美国将被全部歼灭，美国也将报复［德国皇帝旁注："非常乐观"］。"[3]

对日本扩张主义的这些关注，不是毫无根据的猜测。

* 此人并非亲王，疑为作者笔误。

日本人的行动与政策充分证明了这样的事实。中国对邻国的支配模式，经过几个世纪的发展调整为：以朝贡国家承认中国为“天朝上国”同时保留自身半独立地位的观念为根基。另一方面，日本扩张的基础在于欧洲殖民模式。占领、经济统治、剥削与文化变革是日本人在其“昭昭天命”口号中使用的全部策略。作为甲午战争的战利品之一，台湾成为日本殖民主义众所周知的研究案例。

在取得台湾的控制权之后，日本人面临着难以驾驭的当地民众，当地起义不断。[4]最初，日本对台湾的政策依托镇压当地起义的军事手段，但是在后藤新平的领导下很快演变为一种更加精细和高级的方式。[5]在台湾积攒的经验将在十年以后被直接运用到中国东北。后藤新平杰出卓越、富有天赋（不在北里柴三郎之下），在日本接受西医教育、在德国接受公共卫生教育，具有政治才能。后藤新平曾经受到儿玉源太郎将军的提携，后者从1898年开始成为台湾的军事总督。在抵达台湾不久，后藤新平被任命为台湾总督府民政长官。后藤新平和儿玉源太郎均坚称他们在台湾的目的是“统治”而不是“征服”，因此毫无意外的是，后藤新平用生物学的比喻来解释他本人的殖民策略：“在科学进步的当今时代，殖民事业的基本原则必须是建立于生物学基础上。然而，何为生物学基础？即鼓励生活的科学方式，由此衍生出工业生产、卫生、教育、运输、司法的不同系统。同样是要在这种充满竞争的世界实现适者生存原则。”[6]

作为日本殖民政策的基础，后藤新平提出的主要策略是面向被殖民民族与领土进行全方位的科学研究。他强调，欧洲殖民强国向它们的殖民地派遣传教士、探险家，甚至是科学考察团，新加入这项事业的日本不能简单地将自己的传统与体制强加于被殖民民族。他提倡对当地习俗、律法系统、自然资源、经济发展以及相关问题进行广泛研究。实际上，后藤新平 1900 年在台湾设立并领导研究中心，调查当地民俗与传统。该机构分别设立法律、经济与行政的不同研究室。到 1906 年为止，已经出版了关于台湾习俗、宗教、语言、伦理、心理学、手工艺与原住民生活条件的大量报告。[7]

但是，后藤新平和其同事并没有将台湾视为孤立的殖民任务，或是甲午战争的棘手战利品，而是将其作为推动日本在经济和军事层面扩张到中国南方、南太平洋，以及最终的东北亚地区的跳板。对于具有科学背景的后藤新平来说，研究是殖民政策成功的关键。在抵达台湾的七年之内，后藤新平的各项政策在台湾取得不寻常的效果。[8]

日本在东北亚的扩张主义，数十年间集中在中国东北和朝鲜贯彻。在日俄战争结束之际，日本再次发现在新取得的辽东半岛租界面临着铁路形式的潜在问题。日本统治阶层不确定铁路的未来，铁路的运营非常复杂、昂贵和困难。战争的财政压力给日本造成损失，但是对部分人来说，铁路代表着代价昂贵的战争所取得的最为宝贵的战利品之一。因此，日本政府成立国有公司负责管理租界的铁路。1907 年 7 月，"南满洲铁道株式会社"通过敕令正式诞生。后藤新平的导师儿玉源太郎将军，受命领导驻中国东北的日本军队，成为战争结束后的实际统治者。儿玉源太郎邀请后藤新平访问中国东北，向其咨询日本利益在当地的未来。儿玉源太郎早就视铁路为日本扩张主义的核心手段。1905 年，他建议，"最为核心的满洲战后政策是在运营铁路公司的名义下推行为数众多的秘密计划。'南满洲铁道株式会社'必须在表面上与政治军事毫无瓜葛"。[9]

儿玉源太郎 1906 年辞世，后藤新平接受劝说担任"南满洲铁道株式会社"总裁职位，继续儿玉源太郎的工作和愿望。后藤新平的中国东北经营方案，在结构框架上与他在台湾使用的方法相同：与当地民族维系良好关系，招募年轻的、有良好资历的职员，以及进行大量的研究。

除了承担铁路公司的公开职能，"南满洲铁道株式会社"还是日本对中国东北政策的一种核心载体。那里的铁路管理层与日本内阁和在中国东北的军方有密切关系。东北的铁路被视为经济发展和现代化的中心。作为日本殖民战略的一部分，后藤新平采用的是日本铁路的窄轨距，目的在于配套中国与朝鲜的 4 英尺 8.5 英寸轨距，而非俄国的5英尺轨距。后藤新平将整合的铁路系统视为对中国东北进行大规模殖民的关键。与此同时，这项计划拒绝俄国轻易介入这个蓬勃发展的系统。

通过修建公路、排水系统、桥梁、水利、医院、公园与坟场，南满铁路渗透到毗邻铁路沿线的市镇与村庄。沿铁路线建起了世界一流的度假旅店，配备的是经过欧洲培训的经理。为了吸引游客来到中国东北，将南满铁路建成国际铁路系统的一部分，以及从日本到欧洲的最快速通道，[10]一种气势汹汹的广告活动被设计出来。“南满洲铁道株式会社”研究部，下辖众多研究室，推出了堆积成山的研究报告，涉及几乎所有能够想到的各方面情况。实际上，据称研究部要比铁路实际运营部的规模更大。与这种观点契合的是，日本人将铁路首先视为殖民手段，其次才是交通运输手段的观念。后藤新平最为喜欢的政策口号总结了这样的观点：“文装的武备”。[11]

后藤新平不知疲倦，被部分批评者描述为“无论走到哪里都修建医院和水利系统的狂人”。[12]事实上，中国东北南部的医疗和公共卫生基础设施是令人瞩目的，当面临数年之后的鼠疫威胁时已经做好准备和相应调整。

在列强当中，日本在中国东北显然具有最为高级、最为全面、最为精细的外交手腕。日本的外交人员根据长期的研究和通常的文化推测，似乎对中国具有更加深刻的理解，而且日本对中国东北的各项政策要比其他列强更为切中要害。对欧洲各国和美国来说，中国东北在即将成为 20 世纪特征的全球化过程中只是一块拼图而已。

相对于罗斯福与德国皇帝的想法反映出的所谓“大战略”（Grand Strategy），地缘政治运作发生在随时随地呈现机遇的各种较小范围。在海关巡检、铁路管理，甚至是鼠疫防控措施方面的冲突摩擦，正是这些事件发生的地方性舞台。关于日本和中国在安东小镇的这种斗争场景，我们手上有特别详细的记载。它清晰地说明了在公共卫生需求与广泛的地缘政治关切之间的密切纠缠关系。

安东是距离鸭绿江口上流 25 英里的一座小镇，隔开了中国东北与朝鲜。对面的朝鲜市镇是新义州市（Sinuiju），现在在鸭绿江上有大桥连接两地，仍然是从中国东北北部进入朝鲜的主要道路之一。新义州市由日本人于 1910 年在选定的大桥地带建成，不是距离上游 7 英里的原朝鲜市镇义州郡。安东作为终点站之一，隶属于“南满洲铁道株式会社”的最新改建线路，即奉天—安东铁路线。它的目的在于服务沿鸭绿江的重要木材工业开发。即便如此，安东对国际贸易而言不是太重要的城市；只有两个国家的外交代表：代表日本的木部森一高级领事，以及 1909 年履新，代表美国的卡尔顿·贝克（E. Carlton Baker）。[13] 按照外交条约，木部森一作为安东外交核心的高级成员（通常被视为使团团长或会长），在与中国官方进行的谈判中代表全体的外国利益。就在鸭绿江对面，本部的同事们此时已经完全掌控朝鲜。《日韩合并条约》（The Japan-Korea Annexation Treaty）——有时在朝鲜被称为“庚戌国耻”（Humiliation of the Nation in the Year of the Dog），于1910年8月22日签订，开启了日本对朝鲜的实际统治。[14]

1911年1月，当鼠疫沿铁路线迅速扩散，中国人特别关心的是鼠疫可能沿奉天—安东线随时到达安东。安东的海关官员迫切地执行相关防疫规定，控制来自鼠疫肆虐的奉天的铁路交通。贝克向北京和华盛顿的上级领导写信，详细描述了日本人在当地的策略。

> 鉴于当地特殊的各项条件，安东防疫条例的问题始终令人烦恼。日本官员非常警惕［中国］大清皇家海关总税务司（Imperial Maritime Customs）使用的任何力量或权力，因为日本的既定政策是尽可能地在安东扩大其司法权，无视中国方面的各项权益。日本人在安东设立其行政管理权的这种做法，从高级领事（日本人）对作为此地唯一同行的美国领事（贝克）的态度中得到反映。前者理应在合适的场合征求后者的意见，却自以为是地独立行动，在理论上认定安东只有两套官员体系，中国人和日本人……日本领事同样

> 利用他的高职位优势为日本进一步谋求不合理的各项利益。当然，这样的做法都是以隐蔽的和间接的方式，却经过处心积虑地计划和预谋。[15]

贝克叙述大清皇家海关总税务司专员经过整年的努力，制定安东作为国际港口的防疫条约，解释每一项的工作努力为什么被木部森一阻碍，有时是不作为，有时是吹毛求疵。当然，海关官员担心的不仅仅是鼠疫。1910 年 7 月，在牛庄和铁路沿线的相邻地方暴发了霍乱，安东官员寻求制定和执行控制暴发的防疫条例。木部森一“表明他不能够将防疫条例发给北京［供批准］，但是随后将照办”。但是，贝克继而解释：“在霍乱暴发期间……当地的日本官员在海关防疫条例缺位的情况下，通过日本安东警察局的方式检查挂有日本国旗的轮船。意识到这一举动的重要性，我私下催促海关专员立即着手制定防疫隔离措施，制定控制当前局势的省级防疫条例”。[16]

当鼠疫在 1911 年 1 月成为安东刻不容缓的问题，北京的领事机构“授权中国政府立即在安东强制执行在其他港口早已被相同机构接受的类似防疫条例”。据贝克称，木部森一显然无视这一指示，向海关专员 * 表示 1909 年最先

* 即下文提到的霍尔威尔，安东当地官员。

提出的比较温和的防疫条例适用于日本人。这些条例仅适用于当时已冻结的鸭绿江上的交通，而不是疫区的铁路交通形成的现实威胁。海关专员尝试将这些条例的条款执行于铁路交通，但是“来自霍尔威尔先生的这项提议随即被木部先生拒绝，后者表示日本官员不可能允许中国官员行使这些权力。但是，霍尔威尔先生声明，没有其他合适的安排，他将推动实现”。尽管如此，木部通过威慑中国官员和进一步的不作为，尽力阻挠在安东实施防疫条例的任何努力。1 月 18 日，霍尔威尔为执行北京的防疫条例，向木部发出最后通牒。同样，1 月 19 日，木部发表搪塞说辞：“本人无权同意阁下发来的通知，作为其基础的所述条约阐释与我们的观点相悖。”贝克对这一次意见交换作出分析：“我毫不怀疑，在他的想法中至高无上的是司法权的观念与领土主权的实施，尽管不到最后阶段他不可能讨论当前局势的政治因素。”[17]

贝克向华盛顿作出如下解释：

> 当然，利益攸关的真正问题很明显不仅是防疫条例，更多的是日本在中国东北管辖权的更为广泛的问题。日本人毫无疑问宁愿看到成百甚至上千人因鼠疫丧命，也不愿意放弃他们现在取得的管辖权的任何部分。如果他们能够成功抵制海关机构对铁路输入的北

> 方货物进行检查，他们很可能如出一辙地对待在新鸭绿江大桥完工后从朝鲜乘铁路而来的人员和货物。[18]

作为一位精明的政治观察家，贝克注意到日本人在中国的精细化策略。凭借主要从管理义和团赔款衍生出的外交权力，日本人在暗地里长期在中国主要地点派驻领事，因此到了 1911 年，正如贝克指出，“日本人在中国东北几乎所有的港口均有高级领事……美国政府没有能够在这些城市驻扎对中国事务做过深入研究，在同一地方服务相对较长年限的领事（成为高级领事的基础在于当地任期的年限）。我相信，这样的情况部分是因为这种不受重视的政策，即日本人已经能够按照他们的方式利用中国人”。[19] 贝克接下来的职业生涯当然验证了美国外交官在周边的存在。

至少从明治维新开始，日本对朝鲜和中国东北的图谋已经表露无遗。1895 年的甲午战争和 1905 年的日俄战争的结果，让日本在中国东北南部的势力强劲，最终能够全面占领并在 1932 年成立“伪满洲国”傀儡政府。1910 年至 1911 年暴发的肺鼠疫疫情，在这样关键的时期为日本在中国东北南部的各种殖民活动提供了一种切入点。与在中国有利益的其他列强，以及中国本身开展公共卫生与行政管理方面的合作是必须的。这种必要条件可能在短时间内调和并减缓了日本对中国东北不可避免的各种野心计划。

俄国在中国东北

即使签订有条约、协定，以及“秘密协议”，俄国还是不断地警惕日本在中国东北的各种企图。圣彼得堡方面相信，日本“正在系统性地为一场新的战争做着快速准备，使用中国东北南部与朝鲜的所有铁路线、军工场与军营作为进攻的腹地”。[20]俄国历史学家鲍里斯·罗曼诺夫（Boris A.Romanov）认为，“到了1909年春，已经形成一种局面，可以容许日本在对俄国公开敌意的两周内往阿穆尔州派驻11个师团，只需要数日就可以占领绝对不利于陆地和海上防守的符拉迪沃斯托克（海参崴）”。[21]

在日俄战争之后，日本和俄国就适合双方的“势力影响范围”已经达成相当清晰的谅解。日本接手了俄国的铁路线和南部多座城市，俄国则继续在北部推进和扩张其事业发展与殖民活动。

俄国1905年被日本击败后面临的核心问题，是在中国东北北部巩固势力的合理政策。用学者罗斯玛丽·奎斯特（Rosemary Quested）的话来说，俄国人渴望的“黄种俄罗斯”，因1905年的系列事件夭折，出于俄国的商业利益与殖民迅速发展的需要，圣彼得堡方面对把中国东北领土永久纳入俄国管辖表示出兴趣。哈尔滨成为俄国建立这种控制权的政治兴趣焦点。由于俄国通过条约实现对中东铁路的控制，铁路管理权对这些政治努力至关重要。哈尔滨这座城市成为俄国在中国东北势力影响的中心，直到 1917 年十月革命之后，又成为俄国保守主义势力的中心。在名义上，哈尔滨市是中国城市，但是管辖权在俄国人手上，采用的是铁路与军队官员的混合管理模式，在为中东铁路管辖地带提供保护的借口下驻屯军队。

哈尔滨的税收政策、关税法律、警察实践，以及公共卫生活动受制于当地的俄国管理方。当时的外交档案似乎记载了俄国人为了扩大其控制权而引发的不计其数的小规模纠纷。与此同时，中国方面与当地其他外国政府代表们尽可能地抵制这些图谋。

从 1902 年开始，哈尔滨的铁路管理事务由狄米特里·列奥尼德维奇·霍尔瓦特将军（Dimitri Leonidovic Horvath）负责，此人是位高权重的谢尔盖·维特的门徒之一。霍尔瓦特与维特均为温和派，在对待中国方面带有些许的尊重与敬重。霍尔瓦特将军总体上被视为在艰难局势下的优秀行政官。俄国政府在远东事务与铁路管理的问题上有意见分歧，纠结于声名狼藉的混乱和低效的各种经济和政治现实。当政治之星谢尔盖·维特 1906 年在圣彼得堡遭遇滑铁卢，被迫辞去第一任帝国首相职务，* 霍尔瓦特的职位更加岌岌可危。1910 年秋，正当鼠疫开始形成，怀有改良派倾向的俄国外交大臣亚历山大·伊兹沃尔斯基（Alexander Izvolsky）被具有类似同情态度的谢尔盖·萨宗诺夫（Sergey Sazonov）替代。然而，萨宗诺夫被证明更为容许和接纳日本人的利益，最终为双方在蒙古的势力范围签订了数个条约和秘密协定。

在 1910 年秋之前，中东铁路已经成为一种财政负担。管理不善将理应持久关注的问题变为一项亏本的事业。尽管可以将中东铁路出售给中国或者国际财团，但是在与中国的铁路条约约束下，这条铁路线对于俄国对中国东北北部的统治而言至关重要。并且，日本和俄国双方均发现美国银行家们在参与购买中东铁路，视此为美国在中国东北建立竞争性的“势力影响”的威胁。[22] 脱离了铁路运营，俄国谋求对中国东北北部几乎事实上的占领的托词将会无法立足。另一种选择就是彻底吞并中国东北北部。1910 年 11 月 19 日至 12 月 2 日之间在圣彼得堡召开的内阁大臣特别会议，正面讨论了这种可能性。“外交大臣宣称，他非常确信，将中国东北北部吞并［纳入俄国］对于我们来说是一种势在必行的义务，但是可能遇到来自美国和英国的反

* 实为俄国大臣会议主席。

对，现在的时机不对。最终达成的决定是推迟吞并，转而向中国施加压力，要求保护俄国在中国东北北部‘约定的各项权益’。但是，倘若必要，绝不吝惜任何武力手段”。[23]这种施压很快在 1911 年 3 月采用了对中国发出最后通牒的形式，俄国威胁要占领中国西部的主要城市伊宁。但是，在爱德华·扎布里斯基（Edward Zabriskie）的诗性想象中，“中国竹子屈服于俄罗斯强风。北京完全让步接受圣彼得堡不留任何余地继续施压的要求重点”。[24]因此，俄国人希望在远东地区延续他们的未来。随着清朝在 1912 年的覆灭，萨宗诺夫在应对“蒙古问题”、承认袁世凯的新政府的时候，强调：“对这一难题［即蒙古问题］的切实解决，特别影响俄国利益，必须推迟到未来某日，我们必须考虑到我们的政治利益，在原则上直接对抗的是中国对领土完整的维系。”[25]

简而言之，从日俄战争被击败，以及失去远东战略的动力后，俄国在中国东北的立足持续弱化。到鼠疫暴发的时候，俄国在中国东北的主要代理中东铁路公司，已经处于财政危机，它的影响力仅限于铁路城市哈尔滨周围的地带。俄国利用鼠疫的契机，实施行政管理与医疗权力，意图加强对当地的控制，维系在中国东北北部已有的管辖权。然而，与早先时候相比，其他西方列强，连同中国，已经能够挫败许多此类企图。俄国在中国东北的时日显然已经是屈指可数。

中国在东北

正当鼠疫在中国东北向南扩散，中国方面面临着来自南部的其他严重的挑战。由军阀、反清改良者与尚未经1911年武昌起义洗礼的革命党组成的脆弱联盟，造成了长期的政治动荡，以及对国家议会和更为大众的政府的各种要求。1910年冬季，时局逐渐明朗，这些事件已经超出了中央政府的处理能力。中央集权统治逐渐弱化，各省长官——在东北是总督，越来越多地拥有独立处置权，足以处理鼠疫防控等地区性问题，但是面临国家与国际层面的各项挑战的中央政府积弱，无法抵御外敌。来自俄国，特别是日本方面不依不饶的施压，被证明是持续的忧患。汉族人民族意识的增强，使得清政府的统治进一步削弱。[26]汉族人移民东北造成当地人口剧增，只会加剧这些矛盾关系。[27]

正如柯娇燕（Pamela Crossley）指出，清朝的衰败无疑是开始于中国南部的太平军起义，社会动荡和“反满”情绪结合的产物导致从1850年至1864年期间史上死伤最为惨重的内战，以及在北方爆发的被称为捻军的另一场起义运动。[28]尽管清朝想方设法地应对了这些挑战，但是也导致自身在许多方面被弱化，在 1911 年 10 月华中爆发起义和中华民国成立之后最终落幕。

在鼠疫行将暴发的时候，清政府正在挣扎着努力推动中国东北的现代化。1902 年至 1912 年期间执行的是从旗人体制向私有化转型的所谓新政策，目的在于应对来自内部和外部的“债务和威胁”。随后又采取了更为干预主义的方式，成立“土地改良局”（land reclamation bureau），将土地收回并出售给汉人，以此阻挡俄国人的扩张。[29] 1907 年 4 月，一道圣旨废除了鞑靼将军，任命身兼钦差专员的总督，授予他统领辖区之外皇家军队的权力。东三省的总督因而能够像其余省的总督一样行使统辖和管理权。总督同样拥有将军的头衔，统领各省内的满族人和蒙古人。在日本人的地盘，即租界领土，设有军事总督，受制于日本外交大臣，控制着辖区内的民政、军政、法庭，以及南满铁路。[30]

殖民和后殖民时代之间的医学

关于非西方国家发展的历史话语，压倒性地被局限在殖民主义及其后果的框架。在医学和公共卫生方面尤为如此。健康和疾病的作用和构想的提出，对现代化和国家具有关键意义。马克·哈里森（Mark Harrison）在对疾病与现代世界颇有影响的叙述之中强调，“我的目的在于展现出疾病对现代国家发展及其政府机制的重要作用”。[31] 其他学者同样强调医学与公共卫生对于殖民事业，以及更为总体的历史理解方式的重要性。汉斯·津瑟（Hans Zinsser）与麦克尼尔（McNeill）首先考虑的是作为重要历史动因（用现代术语来说是“行为者”）的疾病。[32] 但是，在中国的案例中，特别是在中国东北，这样的框架结构更为复杂。中国虽然不断遭受来自包括日本在内的列强的侵犯，但不是真正意义上的被殖民者，除了部分区域之外，至少在名义上维系着其领土主权。

对东北鼠疫的各种反应呈现的不是多种殖民实践的某种进化，或是不同种类的后殖民杂糅，而是殖民政策、当地实际情形，以及既定工作的各种混合体。在清政府面临来自南方和上海的起义、国际舞台的各种挑战、中央对各省传统的统治减弱，东北鼠疫的紧急程度似乎导致责任的废止，将责任留给了顺应这种场合崛起的形形色色的当地集团。正如朱迪思·法夸尔（Judith Farquhar）指出，“医学工作作为一种实践类别呈现的任何地方，通常都是肮脏的、发臭的，在大多数时间是非常世俗的”。[33] 这种论调很好地总结了应对东北鼠疫的大杂烩式工作。

东北各地的情况不同，取决于外国人与中国人影响力在当地的混合程度。在俄国控制下的哈尔滨，占主导的是准军事化的防疫手段。在日本控制下的大连，公共卫生专家后藤新平采用的是较为温和但同样坚决的外柔内刚的外交风格，对其进行调节的是更加强硬的关东军的军事当局。在两个城市之间的奉天，我们更多地看到中国式的手段，但是其动机毫无疑问是西方风格。正如罗芙芸论述，中国的公共卫生充斥着现代化的整体方案，以及晚清改良者们的方案。她追溯卫生的概念和术语，考察从自我修养的传统意义到更为广泛的主权、身份与国民福利义务概念，表现为“卫生现代性”的术语。[34]多位观察家认为，对东北鼠疫的不同应对方法的遗产，促成公共卫生概念的发展，以及在中国认可西方医学作为全民医疗手段。[35]

美国的公共卫生模式被菲律宾人采用和调整，沃里克·安德森（Warwick Anderson）描述了殖民权力与随后的后殖民政府在菲律宾的相互影响，然而与此相对的是，公共卫生在中国呈现的是一种更为折中的发展。[36]当然，它被注入了西方式的概念和实践，但是正如罗芙芸提出，早已实现西方化但仍为亚洲国家的日本发挥的中介作用，使得这些转型能够被更为迅速地接受。[37]后殖民研究的修辞话语通常运用抵抗和接受的概念，但是这些概念却不能被简单地用于中国东北。[38]在哈尔滨，重要的抵抗力量似乎不是来自当地中国或朝鲜居民，而是来自非俄罗斯人的西方人、商人和外国的外交群体，他们惧怕俄国行政官们设立的在其他场合会被认为是合理的，但如今被视为更牢固的支配权序曲的先例。

日本在辽东半岛南部租界的各项准备既是早有预谋的，可能也是有效的，能够将鼠疫从大连向西南方向转移。中国人在租界内的抵抗似乎是微弱的，个中原因是日本人实施了细致的各项殖民政策。当然，这些政策不断重复的是日本将自身渲染为“白种亚洲人”国家，以及作为“大东亚共荣圈”主导者的幻想。

在清朝覆灭之后，旨在加强东北防疫，特别是针对鼠疫和霍乱的西方化机构的发展，推动了医学与公共卫生的持续变革。处置东北鼠疫的威胁和疫情后在奉天举办研究会，使得处于国际关注前沿的中国获得了威望，可以继续推动其“卫生现代性”，以及作为一个能够掌握现代科学的国家的自信。这种早期的成功，自然地有助于之后拥抱科学主义和“赛先生”成为20世纪20年代的国家象征。[39]

1911年夏，鼠疫已经过去，清朝不复存在，俄国在中国东北的野心逐渐变得不切实际。但是，东北大地仍然处于动荡之中。中国东北面对外国势力的企图无法维系安全，不能自信地规划自我发展。鼠疫始终是一种挑战、一种破坏，以及限制和引导诸多人类事件进程的那些无法预见的多种偶然性之一。对中国而言，鼠疫是造成清朝快速覆灭的诸多重压之一；对中国的邻国而言，鼠疫则是它们为实现地缘政治目标而可以充分利用的机遇。美国驻北京公使嘉乐恒（William J. Calhoun）向美国国务卿诺克斯提供了对当时局势简练而又到位的总结。[40]

> 综上所述：中国东北局势严峻。俄国和日本在这个国家拥有巨大的既得利益，两国为数众多的国民已经成为当地居民。这些强国很可能发出声明，宣称如果有任何外部势力介入，它们首先有权做出处置，因为它们有权保护自己的最大利益。据北里博士称，日本最有权力处置这样的局势。因此，预计俄国和日本很有可能反对任何国际组织的进入，无论其利益如何中立。任何这样的建议都将被猜测为承认中国方面已经失败，以及局势已经迫切地需要强制的或正当名义的外部介入；唯一的结果将会刺激日本和俄国进入并控制中国东北，并始终维持这样的控制。
>
> 当前局势如此。上述各种原因使我质疑邀请任何类别国际机构的合理性。德意志临时代办前几日告知，如果日本人再派遣另一师团军队进行接管，那么只有中国人还会反对，但是他们能有何作为？毫无作为。令人高兴的是鼠疫已经渡过，现在的危机已经转移；但是各种可能的威胁的阴影仍然低悬，沉沉地压在命运多舛的中国东北。[41]

注释

1 Morris Low, "The Japanese Nation in Evolution: W. E. Griffis, Hybridity and Whiteness of the Japanese Race," History and Anthropology 11: 2—3 (1999): 203—234; 同时参见 Sumiko Otsubo, "The Female Body and Eugenic Thought in Meiji Japan," in Building a Modern Japan: Science, Technology, and Medicine in the Meiji Era and Beyond, ed. Morris Low (NewYork: Palgrave Macmillan, 2005)。

2 W. W. Rockhill, China's Intercourse with Korea from the Fifteenth Century to 1895 (London: Luzac, 1905).

3 Baron Speck von Sternburg to Prince von Bulow, "Item XXV.72, 9 September 1907," 引　自 E. T. S. Dugdale, German Diplomatic Documents, 1871—1914. Vol. 3: The Growing Antagonism, 1898—1910 (London: Metheun, 1928—1931), 262—264.

4 Harry J. Lamley, "The 1895 Taiwan War of Resistance," 引自 Taiwan: Studies in Chinese Local History, ed. Leonard H. D. Gordon (New York: Columbia University Press, 1970), 33。

5 关于后藤新平的更多相关文献，参见 Yukiko Hayase, "The Career of Gotō Shinpei: Japan's Statesman of Research, 1857—1929," Florida State University, Ph.D. diss., 1974。

6 Tsurumi Yūsuke, Gotō Shinpei (An Authorized Biography of Gotō Shinpei) (1937; repr. Tokyo: Sōkei Shobō, 1966), 2: 38 [日文版]; 译文引自 Hayase, "Career of Gotō Shinpei," 43。

7 Hayase, "Career of Gotō Shinpei," 62.

8 同上，第 72—74 页。在后藤新平履职的第一年，近八成的台湾财政预算是由东京方面补贴。这种经济负担到了 1905 年几乎完全被消除。

9 Tsurumi, Gotō, 2: 651; 英译引自 Hayase, "Career of Gotō Shinpei," 107。

10 South Manchuria Railway Co., Manchuria: Land of Opportunity (New York: South Manchuria Railway, 1922).

11 Tsurumi, Gotō, 2: 815; 英译引自 Hayase, "Career of Gotō Shinpei," 124. 相关佐证文献参见 Itō Takeo, Life Along the South Manchurian Railway: The Memoirs of Itō Takeo, Joshua A. Fogel (译) (Armonk, N.Y.: M. E. Sharpe, 1988), viii。

12 Hayase, "Career of Gotō Shinpei," 122.

13 E. 卡尔顿·贝克（1882—19??）是精通中国事务的职业外交官。1905 年获得加利福尼亚大学理学学士学位之后，成为驻中国福州的副领事和武官，1907 年到 1908 年他到厦门担任同样的职务。1909 年，贝克转任国务院远东事务处处长助理，随后被任命为驻中国安东领事。1911 年 8 月，贝克被任命为驻重庆领事，直至 1914 年转任驻长崎领事。他在长崎仅有 18 个月，随后又转到奉天任美国领事。

14 这个条约的合法性与有效性问题充满争议，朝鲜始终拒绝承认，随后被二战以后占领日本的盟军废除。朝鲜皇帝纯宗拒绝按照朝鲜法律签署协议，代为签署的是朝鲜首相李完用与日本陆军元帅寺内正毅伯爵。

15 E. Carlton Baker to W. J. Calhoun, "Dispatch No. 34L, 18 January 1911," file 159/931/107, RG 59, NA, 1.

16 同上，第 4 页。

17 同上，第 10 页。

18 同上，第 9 页。

19 同上，第 11 页。

20 Edward H. Zabriskie, American-Russian Rivalry in the Far East: A Study in Diplomacy and Power Politics, 1895—1914 (Philadelphia: University of Pennsylvania Press, 1946), 148.

21 Boris A. Romanov, Rossiia v Man'chzhurii, 1892—1906 (Russia in Manchuria, 1892—1906) (Leningrad: Leningradskii vostochnyi institutimeni A. S. Enukidze, 1928); Susan Wilbur Jones (译) (Ann Arbor: American Council of Learned Societies, 1952), 382.

22 Michael H. Hunt, Frontier Defenses and the Open Door: Manchuria in Chinese American Relations, 1895—1911 (New Haven: Yale University Press, 1973), 259—263.

23 B. De Siebert, Entente Diplomacy and the World: Matrix of the History of Europe, 1909—1914, George Abel Schreiner 重新编辑、排版与注解（London: George Allen and Unwin, 1921), 24—27。

24 Edward H. Zabriskie, American-Russian Rivalry, 175—176.

25 Memo by Minister of Foreign Affairs, 10—23 January 1912, Re:

question of Russian recognition of the new Government of Yüan ShihK'ai, in De Siebert, Entente Diplomacy, 35.

26 Pamela Kyle Crossley, The Manchus (Cambridge, Mass.: Blackwell Publishers, 1997), 第7章。

27 Kang Chao, The Economic Development of Manchuria: The Rise of a Frontier Economy (Ann Arbor: Center for Chinese Studies, University of Michigan, 1983). 据此书测算，东北的人口增长如下：1898年为694.3万人；1908年为1705.5万人；1910年为1794.2万人，1914年为1965.2万人，1930年为3130万人。

28 Crossley, The Manchus, 第6章。

29 James Reardon-Anderson, Reluctant Pioneers: China's Expansion Northward, 1644—1937 (Stanford: Stanford University Press, 2005), 83.

30 L. Richard, Comprehensive Geography of the Chinese Empire and Dependencies, trans. M. Kennelly, S.J. (Shanghai: T'usewei, 1908), 486, 504—505.

31 Harrison, Disease, 2.

32 Hans Zinsser, Rats, Lice, and History (Boston: Little, Brown, 1935); and William H. McNeill, Plågues and Peoples (Garden City, N.Y.: Anchor Press, 1976).

33 Judith Farquhar, Knowing Practice: The Clinical Encounter of Chinese Medicine (Boulder: Westview, 1994).

34 Ruth Rogaski, Hygienic Modernity: Meanings of Health and Disease in Treaty-Port China (Berkeley: University of California Press, 2004).

35 Benedict, Bubonic Plague; Nathan, Plague Prevention; and Rogaski, Hygienic Modernity.

36 Warwick Anderson, Colonial Pathologies: American Tropical Medicine, Race, and Hygiene in the Philippines (Durham: Duke University Press, 2006), 181—206.

37 Rogaski, Hygienic Modernity, 303.

38 参见，例如David Arnold, Colonizing the Body: State Medicine and Epidemic Disease in Nineteenth-Century India (Berkeley:

University California Press，1993）。

39 Danny Wynn Ye Kwok，*Scientism in Chinese Thought，1900—1950*（New Haven：Yale University Press，1965）.

40 美国驻华最高级别外交官的全称为“驻华特使兼全权公使”（Envoy Extraordinary and Minister Plenipotentiary to China），1935 年被废止并更名为“特命全权大使”（Ambassad or Extraordinary and Plenipotentiary）。

41 W. J. Calhoun to Secretary of State，“Dispatch No. 228，26 April 1911，” file 158.931/173，RG 59，NA，9—10.

结语：一个世纪之后

自1910年以来，有关鼠疫与其他传染疾病的知识增长，已经到了无法想象，实际上几近无法掌控的程度。但同样令人惊讶的是，在某些方面几乎没有多大的变化。21世纪的鼠疫斗士已经可以运用种类可观的抗生素，可使用快速的化验手段，能够访问全球通信网络。然而，近世的瘟疫疫情同样面对着1910年至1911年东北鼠疫面临过的许多挑战。

仅仅考察这一世纪期间暴发的流感、鼠疫、立百病毒（Nipah Virus）、严重急性呼吸综合征（即“非典”，SARS）和艾滋病等流行疾病，就足以突出这样的相似情形。流感与艾滋病似乎已经从流行病威胁演进为起伏不定的地方病。鼠疫的暴发已经罕见但仍显著，“非典”与立百病毒已经较为遥远，似乎在本质上已经仅限于个体的病例发生。此外，作为古老全球灾难的疟疾和肺结核仍然根深蒂固。

艾滋病赶超流感成为过去一个世纪最为致命的流行疾

病，但是其他疾病也提供给了颇为有趣的比较。所有这些流行病，就像东北鼠疫一样，具有在人类与非人类之间接触的生态学病源。流感主要是通过禽类传播，但是经常变异成为病原体，在人体与猪之间具有非常高的传染性。[1]立百病毒，或许较少为人所知，表现为东南亚和南亚蝙蝠携带的病毒，通过猪传染给人体以后极有可能致命。近年来暴发的立百疫情，已经归咎于因栖息地破坏而导致的家养猪与栖居丛林的蝙蝠之间的密切接触。[2]类似的是，艾滋病的病毒至少在其人体传播阶段之前起源于非洲野生猿猴。[3]所有这些案例表明，在研究东北鼠疫过程中浮现出的是一种本质上的生态学观点。

疾病生态学涉及数个分析层面：细胞体（the cellular）、生物体（Organism）与种群体（the populational）。在细胞层面考察疾病：诸如鼠疫菌或流感病毒之类的致病微生物，影响其宿主细胞的具体方式，取决于病毒受体结构、毒素结合位点，或者接种途径。部分疾病具有高度的物种特有性，其余则更多具有混杂的病原体。比如，天花病毒和脊髓灰质炎病毒，天然地仅感染人体。霍乱菌产生的毒素仅感染人体消化道（Gastrointestinal tract）的细胞。诸如流感之类的其他疾病，拥有更为广泛的宿主范围。鼠疫菌传染的是穴居动物和人类，通过活体形式的昆虫传播。随着20世纪科学知识的增长，传染性疾病这些天然的易感性与抵抗性原因逐渐为人所知。我们现在能够理解，为什么农民会感染流感而不是从他们养殖的猪那里感染上猪瘟（hog cholera），以及为什么人类从不会感染犬瘟热（Canine distemper）。

这样理解生物学、宿主—寄生相互作用，或者说传染疾病的细胞生态学，提供的是基于生物体及其相互关系的疾病生态学在另一层面的基础。两种独特生物体在部分疾病中的强制性作用，现在已经清晰。所谓中间宿主（intermediate hosts）是作为媒介的生物体，它们存在于病原体在不同物种之间传播的通道。众所周知的病例包括疟疾与血吸虫病（schistosomiasis）。疟疾离不开蚊虫，不仅因为寄生物的生命周期，还是为了在人类之间有效传播。水生螺（aquatic snails）为血吸虫病提供了寄生虫生命期的中间宿主。宿主与寄主的适应和变异，引发的是疾病谱（disease spectrum）随时间而发生的各种变化。有时候，这个生态学概念涉及“跨越物种间屏障”（jumping the species barrier）的概念，因此以前未知的动物疾病成为人类的病原体。自从人类驯养动物以来，甚至可能在更为早期的狩猎采集时代，人畜共患病（zoonoses）或是动物的传染疾病，也对人类具有重要作用。我们与动物的关系是如此接近，以至于在实际上共享疾病。

疾病生态学同样涉及不同物种之间的社会性和功能性

的相互作用。然而，直到20世纪30年代生物学家才开始认真地对待生态学，在人类与动物健康之间的密切关系并没有受到充分重视。尽管存在乳源性结核病（milk-borne tuberculosis）、波状热（undulant fever）、唾液传播狂犬病（saliva-borne rabies）、动物炭疽病（animal anthrax）作为肺炭疽疾病（wool-sorters disease）病源的具体病例，动物作为困扰人类的疾病的自然宿主（Natural reservoir）却受到了极大的忽视。我们感受到的文化变革在于我们食用的对象，与动物的互动方式，我们使用的动物产品，以及人类接触动物病原体的新型和多样的方式。过去我们通常以人类学中心视角看待疾病，认为它们事实上是我们人类自己的疾病。直到近来，我们才发现我们经常只是占主导地位的动物传染的偶然受害者。当然，产生这种傲慢的一个原因就是这些传染是无症状的或是临床症状不明显的，部分宿主物种没有明显的症状。野鸭的流感可能不太明显，但是当野鸭将病毒传染给家养的猪，随后再传染给人类，就很容易只识别出近源（proximate source）——可怜的猪，而不是流感暴发的真正自然宿主。

东北鼠疫阐明了三个层面的概念：文化与社会，生态学，以及生物医学。对肺鼠疫而言，西伯利亚旱獭及其与人类狩猎实践与文化的生态关系，是理解和掌握这场鼠疫的关键特征。对细菌、旱獭与人类各种微妙联系的这种重视，在流行病学历史上尚属首次。对以前暴发的流行病而言，从来不可能有这样一种细微的理解。当然，至少在 14 世纪开始就已经关注到老鼠与鼠疫的联系，但是却没有将疾病视为生物学交叉关系的一种自然演变。在东北鼠疫发生之后的 100 多年里，流行病学家已经开始思考这些作为他们学科基础的生态学关系：疾病生态学、社区卫生、生物学均衡、宿主—寄主相互关系、群体免疫（Herd immunity），以及疾病的自然宿主已经全部成为常见的概念。[4] 在东北鼠疫期间，只能以这些概念的雏形进行分析说明，若是没有这些概念，黄热病、疟疾，以及更为近期的莱姆病（Lyme disease）与西尼罗热（West Nile Fever）等虫媒疾病将会变得更难理解和控制。如果没有认识到动物宿主（或宿主缺失）的重要性，20 世纪 60 年代与 70 年代开展的根除天花运动及其胜利，或将不存在。对野生和家禽类物种流感病毒株的观测，为全球范围人类流感潜在大暴发提供了重要的事前警告。[5]

人口与社会生态学提供了另一种更为复杂的故事。同样，在外交战线，东北鼠疫预示着 20 世纪对其他瘟疫的各种处置方法。19 世纪的大霍乱疫情被认为是全球性问题，通过该世纪中叶的国际合作，已经形成对抗疫情的共识。例如，1851 年在巴黎首次召开了国际防疫大会。但是，直到 1907 年底，国际公共卫生办事处（The Office

International d'Hygiène Publique，OIHP）才在巴黎成立，在调查霍乱病以外具有更为广泛的目标。随后，国际公共卫生办事处的作用转变为联合国领导下的世界卫生组织（WHO）职能。19 世纪举办的十次世界防疫大会的目的，在于应对已经被发现的从亚洲向欧洲扩散的霍乱病。1874 年和 1897 年之间举办的第七次防疫大会，讨论的是通过隔离与禁令控制霍乱疫情的外交与政治措施。苏伊士运河是一个重要控制点，于是在国际防控下设立防疫站，作为阻挡疾病进入欧洲的屏障。[6]

时至今日，在公共卫生的跨国需求与保护国家主权之间的种种矛盾和冲突，使得所有对流行疾病的国际应对措施未能达到理想目标。国际合作有时可以达到不可思议的效果：在冷战高峰期，美国和苏联合作并成功实现世界范围的天花根除行动。然而，这样的合作有时是动作迟缓的，即便没有遭受彻底的阻挠。

在毁灭性的流感疫情暴发的 1918 年，第一次世界大战的紧迫情况影响了美国国内和海外的公共卫生政策。[7] 保密工作再一次占了上风，有效的措施如果不是被完全地压制也是被推后实施。威尔逊总统集中精力发动总体战争，不惜一切代价保持士气，导致了大规模的流感死亡率。威尔逊不顾医学顾问们的忠告，派遣成千上万的美军，这些军人因为感染“西班牙”流感而死在了为保卫美国利益前往欧洲的运输船上。这些死亡率又一次呈现出政治需求、疾病生态学与医学知识的交叉。对于东北的鼠疫而言，流行性疾病的知识是残缺不全的。大多数专业的医学家们，通常都不重视，甚至不知道生物体及其传播和诊断模式、携带者作用，以及治疗性或辅助性的有效治疗方法。在专家意见不确定的情况下，政治压力很难抵挡。

到了20世纪中叶，在冷战恶意竞争发端之前，于二战后国际合作的余晖中，在联合国诞生了一个具有相当卓越的效率和灵活性的国际卫生机构，即世界卫生组织。世界卫生组织的卓越之处不在它的成功与失败，而是在于作为有效中介机构的存在。作为一个机构，世界卫生组织的存在已经超过60年时间，弱化了不同国家的政治利益，说服并推动面临全球卫生问题时的国际合作，维系广泛的科学的公信力。1910年东北鼠疫被视为一种全球性的威胁，引发来自日本、俄国和中国的逐步行动，虽然每个国家别有用心地在争取自身的地缘政治利益。一百年之后，这些国家的自我利益受到了作为外部专家与顾问机构的世界卫生组织的制衡，以狭隘利益为目标的局部和地区性倾向受到约束。就像1911年4月的奉天鼠疫万国研究会一样，世界卫生组织的有效性和可信度来自被人称为“无形学院”（invisible college）的科学家和医学生。这样的跨国专家群体对科学和医学实践具有共同的信仰，他们合作开展过去的研究项目，他们拥有共同的教师和授业导师，他们将自己的使命视为本质上非政治性的。[8]一方面，有些学者在明显的政治与外交组织之间作出区分；另一方面，像世界卫生组织那样的机构，虽然受制于政治压力，但是具有在非完全政治性专业技术基础上的功能性作用，目的在于普遍达成共识的人道援助。从 1911 年的奉天到 21 世纪的日内瓦，这类由科学家组成的国际组织，投身抗衡外交官与政治家以国家利益为焦点的工作。

鼠疫病毒经常被忽视和存在潜在悖论的一个方面，是它推进科学与医学知识的作用。借用威利·萨顿（Willie Sutton）的话来说，“之所以研究流行病，就是因为它是疾病的来源”。在大鼠疫期间，科学家通常能够针对疾病获得在常规条件下无法获得的知识。当 1895 年肺鼠疫袭击香港，在世的医生没有一位曾经经历过任何一次大规模的鼠疫流行，仅有的知识来自各类经典文本，比如锡德纳姆（Sydenham）在两个多世纪之前对 1665 年伦敦鼠疫的记载。从东北鼠疫获取的尸体解剖、细菌学检查，以及流行病学数据，提供了以前难以收集到的有关肺鼠疫的大量宝贵信息。至今为止，伍连德与罗伯特·波利策以东北鼠疫为基础发表的著述仍然是权威性的。[9]从流感到脊髓灰质炎再到“非典”疫情，正是在这些流行病的暴发期间，医学科学在病患、人口与公共支援的层面掌握了研究材料，极大地推进了对这些疾病的理解。

在疾病的地缘政治应对方面，我们能够观察到在 20 世纪初和 21 世纪之间具有哪些不同之处？一方面，这些应对方式已经变得更为正式，组织更为有效，更加具有预见性，呈现出各种稳定的组织结构。1911 年，国际公共卫生办事处刚成立仅四年，是仅有的一家致力于公共卫生的真正的国际机构。一个世纪以后，现在不仅有多家人员众多、预算雄厚、范围远及全球的跨国机构，还有五花八门、大大小小的非政府机构致力于当地与跨区域卫生事业。这些机构中有部分显然是国家与区域政治的代言人，比如“泛美卫生组织”（Pan American Health Organization）。世界卫生组织管理的论坛组织世界卫生大会（World Health Assembly），经常受到地缘政治介入的阻碍，它的全球卫生职责由此受到影响。

当然，至少从前近代时期的大鼠疫开始，人们已经认识到鼠疫造成的各种经济后果。佛罗伦萨的黑死病被薄伽丘等人描述为是城市正常商业的灾难。[10] 笛福对 1665 年伦敦鼠疫的虚构叙述，是通过一位小商人在日记中书写鼠疫对其生意的各种影响。[11] 正如我们所见，对东北的鼠疫而言，经济方面的影响在对所有相关因素的各种反应中同样处于中心位置。

现在看来特别有趣的是，世界银行于 21 世纪初在筹措资金、指挥和提倡全球范围的公共卫生活动方面所承担的重要角色。就 20 世纪初的中国而言，诸如国际银行家们寻求资助中国铁路的经济利益，构成了中国东北地缘政治的背景；[12] 到了 21 世纪初，例如在非洲的消除疟疾运动与世界范围的水质净化项目，这些公共卫生层面的经济因素已经占据舞台前台和中央。在人道主义关怀之外，经济因素现在似乎在驱动对全球疫情的不同应对。在经济健康与身体健康之间的紧密联系，如今是政策制定者与发展专家们无可置疑的共识。健康的劳动力如今已被视为经济繁荣的一个关键条件。

另外一种不同是已被确立的观点，即生态学方法对全球流行病具有重要意义。环境科学与流行病学的整合，是过去一个世纪中最主要的思想进步成果之一。这种被拓宽的视野已经被运用到 20 世纪备受关注的各种问题，比如消除疟疾案例中的虫媒控制（insect vector control）、黄热病运动、荷兰榆树菌（Dutch elm disease），针对海绵状脑病（spongiform encephalopathies，比如疯牛病）的食品检疫，以疾病媒介物栖息地扩大为例的全球（气候）变暖预警，以及其他一些已经被确认的例子。

回顾过去，我们发现东北鼠疫并没有多少独特之处，只是它的暴发时机适逢细菌新知识亟待流行病学层面的运用，它的发生地点对列强具有充分重要性，以至于很多重要资源和注意力都被集中到了那里。许多富有才能、经验与奉献精神的个体投身其中，这是一种在历史上偶然发生的奇事。这种正确的知识、正确的资源与正确的人的结合，在其他流行疾病的全球性挑战中，并不多见。

注释

1 Kristen Van Reeth, "Avian and Swine Influenza Viruses: Our Current Understanding of the Zoonotic Risk," Veterinary Research 38 (2007): 243—260.

2 K. B. Chua, B. H. Chua, and C. W. Wang, "Anthropogenic De-forestation, El Niño and the Emergence of Nipah Virus in Malaysia," Malaysian Journal of Pathology 24 (2002): 15—21.

3 Jonathan L. Heeney, Angus G. Dalgleish, Robin A. Weiss, "Origins of HIV and the Evolution of Resistance to AIDS," Science 313 (2006): 462—466.

4 William C. Summers and Sin How Lim, "Epidemiological Concepts with Historical Examples," in Encyclopedia of Microbiology, ed. Moselio Schaechter et al., 3rd ed. (New York: Elsevier, 2009) .

5 Scott Krauss et al., "Influenza A Viruses of Migrating Wild Aquatic Birds in North America," Vector-Borne and Zoonotic Diseases 4 (Fall 2004): 177—189.

6 关于两种观点，参见 N. Howard-Jones, "Origins of International Health Work," British Medical Journal 1 (1950): 1032—1037，以及 David P. Fidler, International Law and Infectious Diseases (New York: Oxford University Press, 1999)。

7 John M. Barry, The Great Influenza: The Epic Story of the Deadliest Plague in History (New York: Penguin, 2004) .

8 Diana Crane, Invisible Colleges: Diffusion of Knowledge in Scientific Communities (Chicago: University of Chicago Press, 1972) .

9 Wu Lien-Teh, A Treatise on Pneumonic Plague (Nancy: Berger-Levrault, 1926) . Also Wu Lien-Teh et al., Plague: A Manual for Medical and Public Health Workers (Shanghai: Weishengshu National Quarantine Service, Shanghai Station, 1936) .

10 Giovanni Boccaccio, Decameron, trans. and commentator J. G. Nichols (New York: Alfred A. Knopf, 2009) .

11 Daniel Defoe, "A Journal of the Plague Year" : Authoritative Text, Backgrounds, Contexts, Criticism, ed. Paula R. Backscheider (New York: Norton, 1992) .

12 最为突出的美国利益代表为铁路大亨爱德华·亨利·哈里曼 (E. H. Harriman), 以及他在中国的代理人司戴德 (Willard Dickerman Straight)。参见 Paul H. Clyde, International Rivalries in Manchuria, 1689—1922, 2d ed. (Columbus: Ohio State University Press, 1928), 148—200。

附录：地名对照表

历史地名	现今地名	其他名称
瑷珲（Aigun）	瑷珲（黑龙江）	Aihun，Ta hei ho
安东（Antung）	丹东（辽宁）	Andong，Ngantung
白城（Beichan）	白城（吉林）	
长春（Ch'ang ch'un）	长春（吉林）	
青岛（Ch'ing tao）	青岛（山东）	Tsingtao
周村	吉林境内的未知铁路站	Chou t'sun
大房身（Daiboshin）	大连湾镇（辽宁）	Ta Fang Shen
大连（Dairen）	大连（辽宁）	Dalny/Dal'ni，Talien
奉天（Feng t'ien）	沈阳（辽宁）	Fung t'ien，Mukden
傅家甸（Fuchiatien）	哈尔滨（黑龙江）	
富山（Fushan）	富山煤矿（辽宁）	
海拉尔（Hailar）	海拉尔（黑龙江）	
海伦（Hulun，Khailar）	海伦市（黑龙江）	
滨江（Harbin）	哈尔滨（黑龙江）	Haer bin，Ha erh pin
伊尔库茨克（Irkutsk）	伊尔库茨克州（俄罗斯）	
盖州（Kaichou）	盖州（辽宁）	盖平

续表

历史地名	现今地名	其他名称
胶州（Kiaochow）	胶州（山东）	Kiautschou
吉林（Kirin）	吉林市（吉林）	Kilin
宽城	长春辖区（吉林）	Kuan ch'eng tze
关东（Kwantung）	辽宁和吉林租界的部分	
拉哈苏苏（Lahasusu）	同江市（黑龙江）	Tungchiang
辽东（Liaotung）	辽东半岛（辽宁）	
满洲里（Manchouli）	满洲里（东北内陆火车站）	
南山（Nanshan）	锦州（辽宁）	Kinchou，Chin chou
涅尔琴斯克（Nerchinsk）	涅尔琴斯克（俄罗斯）	尼布楚 Nibuchu
牛庄（Newchwang）	营口（辽宁）	牛庄、营口
北洋大学（Peiyang University）	天津大学	
京师（Peking）	北京	北平
山海关（Shanhaikuan）	山海关（河北）	Shanhaikwan
山东（Shantung）	山东	
宋瓦江（Sungari River）	松花江	
大石桥（Tashihchiao）	大石桥市（辽宁）	Da Chi Zhao
天津（Tientsin）	天津	
齐齐哈尔（Tsitsihar）	齐齐哈尔（黑龙江）	Tsitsikar，Tsitsicar
通州（Tungchou）	通州（北京）	通县，通州
外贝加尔（Transbaikalia）	阿穆尔州（布里亚特共和国、俄罗斯联邦外贝加尔边疆区）	

术语表

（按英文首字母顺序排列）

苯胺染料（Aniline dye）：19世纪在德国发明的一种以含氮苯胺分子为基础的化学染料。这些染料取代了自然植物类染料成为德国化学工业的支柱。

细菌毒素（Bacterial toxin）：细菌产生的对宿主生物体具有毒性的任何物质。

生物变型（Biovar，简称bv.）：“生物学变种”的简称，用于统称更为具体和准确的亚物种概念。

染色体基因（Chromosomal gene）：细胞染色体驻留的基因，区别与诸如细胞器、病毒和质粒等非染色体遗传细胞成分的遗传微粒（DNA）。

地方病（Endemic）：通常用于描述某一疾病的特征，或多或少常见于某一人群，区别与周期性的流行病。

细胞外液（Extracellular fluid）：例如血浆、淋巴和组织液等在细胞外部存在的体液，相对于为称为细胞质的细胞内液。

基因组研究（Genomic studies）：对有机体（基因组）整套基因结构的考察。通常确定构成遗传微粒的化学亚基的序列，并通过该序列编码基因信息。

超免疫血清（Hyperimmune serum）：对具体细菌、蛋白质或其他诱导免疫体产生抗体超强免疫的个体血清。

大叶性肺炎（Lobar pneumonia）：通过一片或多片解剖叶扩散的肺组织感染和炎症。

淋巴管道（Lymphatic channels）：通过血管外部的身体携带体液（淋巴）的组织构成的细微通道。它们通常构成淋巴结，作为淋巴系统的局部收集点。

立百病毒（Nipah virus）：果蝠携带的一种常规病毒，猪、犬经常被感染，有时也传染人类，严重时可致命。1999 年在马来西亚首次暴发，造成的人类死亡率为 40%。该病毒以疫情首次暴发的地点命名。

质粒基因（Plasmid genes）：小型非染色体遗传微粒编码的基因分子，以环状、自我复制结构（质粒）形式依附于部分细胞的细胞质或细胞核。

疾病预防（Prophylaxis）：预防性措施的统称。

局部淋巴结（Regional lymph nodes）：由免疫系统的特殊细胞构成的小型球形结构，将其连接起来的是形成流体和免疫细胞从身体不同局部到临近淋巴结的管道。例如，细菌通常在腹股沟和腋下被免疫细胞吸收和消除。

逆行性感染（Retrograde infection）：从例如躯干的身体局部向身体中心扩散的传染。

非典（SARS）：严重急性呼吸系统综合征的缩写，指的是2003年在东南亚发现、后续又涉及冠状病毒家族具体病毒体感染的疾病。

败血症（Septicemia）：生物体出现在血液中的细菌感染。

血清（Serum/Sera）：血清是血液缺乏红血球与白血球等细胞成分的液体部分，它在去除凝血蛋白促进凝血之后仍然存在。Sera是血清（serum）的复数形式。血清是血液的抗体分级。

表面抗原（Surface antigen）：通常表现为蛋白质或葡萄糖的物质，在细菌表面引发受感染动物体内的免疫性反应。表面抗原通常是动物体内通过注射疫苗或之前生病痊愈而取得抗体的免疫对象。

《马关条约》(Treaty of Shimonoseki)：中日两国为结束甲午战争在日本城市马关签订的条约。其中包括中国向日本割让台湾、放弃所有在朝鲜的利益，以及向日本支付巨额战争赔款等。

《朴茨茅斯条约》(Treaty of Portsmouth)：日本与俄国于1905年日俄战争结束之后在新罕布什尔州朴茨茅斯

镇签订的条约。俄国和日本均承认中国对东北的领土主权，但是日本保留东北南部地区的租界，以及部分贸易和铁路权益。美国调停该条约谈判，西奥多·罗斯福因在此事件中发挥的作用，被授予1906年诺贝尔和平奖。

媒介（Vector）：通常为节肢动物的任何生物因素，作为感染性有机体在不同宿主之间传播的中介物。

媒介生态学（Vector ecology）：决定例如环境、中间宿主、自然抗性和后天抗性及宿主生物学等病毒媒介有效性的各种条件的总体。

毒性质粒（Virulence plasmid）：一种小型的、自我复制的染色体外遗传微粒分子，其中仅含有部分基因粒子。其中一个或多个将新属性传递给其依附的宿主细菌，由此将宿主改造而具有更多的毒性或病源性。

守望思想　逐光启航

LUMINAIRE
光启

东北博弈：环境与地缘政治 1910—1911

［美］威廉 · 萨默斯 著

王　进 译

责任编辑　肖　峰

营销编辑　池　淼　赵宇迪

封面设计　甘信宇

出版：上海光启书局有限公司

地址：上海市闵行区号景路 159 弄 C 座 2 楼 201 室　201101

发行：上海人民出版社发行中心

印刷：上海盛通时代印刷有限公司

制版：南京理工出版信息技术有限公司

开本：890mm × 1240mm　1/32

印张：7.75　字数：134,000　插页：2

2022 年 7 月第 1 版　2022 年 7 月第 1 次印刷

定价：78.00 元

ISBN：978-7-5452-1949-4 / X · 2

图书在版编目(CIP)数据

东北博弈：环境与地缘政治：1910—1911 / (美)
威廉 · 萨默斯著；王进译 . —上海：光启书局,
2022.3

书名原文：The Great Manchurian Plague of 1910-
1911: The Geopolitics of an Epidemic Disease

ISBN 978-7-5452-1949-4

Ⅰ. ① 东… Ⅱ. ① 威… ② 王… Ⅲ. ① 环境综合整治
－关系－地缘政治学－研究－中国－ 1910-1911 Ⅳ.
① X322 ② D691.2

中国版本图书馆 CIP 数据核字（2022）第 103258 号

Translated from
The Great Manchurian Plague of 1910-1911 : The Geopolitics of an Epidemic Disease by William C. Summers